·职业技能短期培训教材·

焊 工

◎ 王兴旺　朱繁泷　王志永　主编

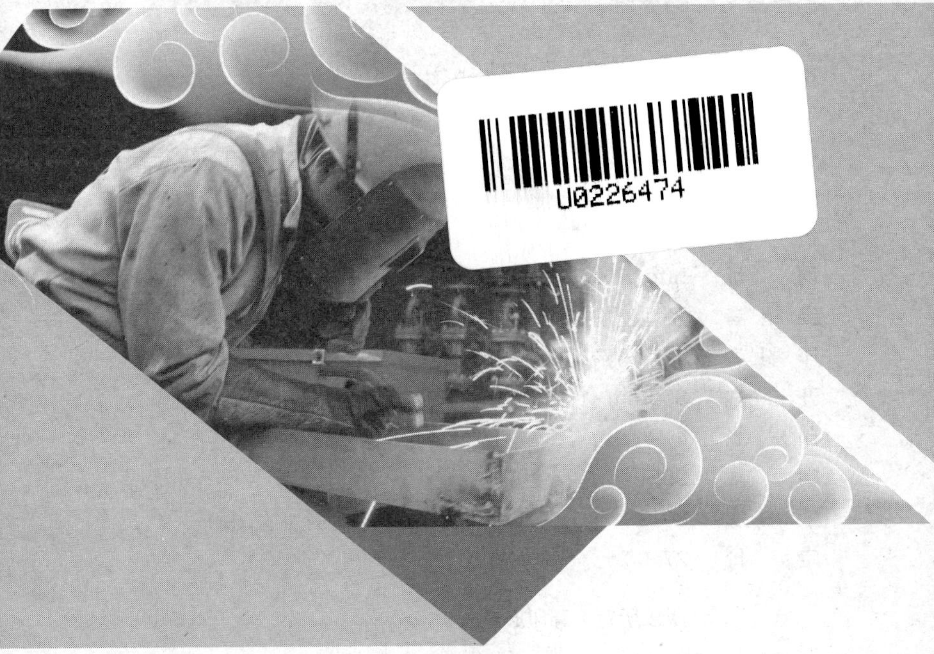

中国农业科学技术出版社

图书在版编目（CIP）数据

焊工 / 王兴旺，朱繁泷，王志永主编 .—北京：中国农业科学技术出版社，2019. 4

ISBN 978-7-5116-4132-8

Ⅰ. ①焊…　Ⅱ. ①王…②朱…③王…　Ⅲ. ①焊接-基本知识　Ⅳ. ①TG4

中国版本图书馆 CIP 数据核字（2019）第 069064 号

责任编辑　白姗姗
责任校对　贾海霞

出 版 者　中国农业科学技术出版社
北京市中关村南大街 12 号　邮编：100081
电　　话　(010)82106638(编辑室)　(010)82109702(发行部)
(010)82109709(读者服务部)
传　　真　(010)82106650
网　　址　http://www.castp.cn
经 销 者　各地新华书店
印 刷 者　北京富泰印刷有限责任公司
开　　本　850mm×1 168mm　1/32
印　　张　4
字　　数　95 千字
版　　次　2019 年 4 月第 1 版　2019 年 4 月第 1 次印刷
定　　价　27. 00 元

前　言

制造业是国民经济的主体，它决定着整个国家的工业生产水平。焊接技术在制造业中占有举足轻重的地位，是制造工业中的关键技术之一。

全书从焊接基础知识、基本理论讲起，结合实际操作技能，依次讲述了焊接基础知识、焊条电弧焊、气焊与气割、熔化极气体保护焊等。

本书适合于相关职业学校、职业培训机构在开展职业技能短期培训时使用，也可供焊工相关人员参考阅读。

编　者

2019 年 2 月

目　录

第一章　焊接基础知识

第一节　认识焊接

一、焊接的概念

焊接就是通过加热或加压，或两者并用，并且用或不用填充材料，使焊件达到原子结合的一种加工方法。

二、焊接分类

按照焊接过程中金属所处的状态不同，可以把焊接方法分为熔焊、压焊、钎焊。

熔焊是在焊接过程中，将焊件接头加热至熔化状态，不加压力完成焊接的方法。当被焊金属加热至溶化状态形成液态熔池时，原子之间可以充分扩散和紧密接触，因此冷却凝固后，即可形成牢固的焊接接头。常见的气焊、电弧焊、电渣焊、气体保护电弧焊等都属于熔焊的方法。

压焊是在焊接过程中，必须对焊件施加压力（加热或不加热），以完成焊接的方法。常见的有锻焊、电阻焊、摩擦焊和气压焊等。

钎焊是采用比母材熔点低的金属材料做钎料，将焊件和钎料加热到高于钎料的熔点，低于母材熔点的温度，利用液态钎料润湿母材，填充接头间隙并与母材相互扩散实现连接焊件的方法。常见的钎焊方法有烙铁钎焊、火焰钎焊等。

常见焊接分类方法如图 1-1 所示。

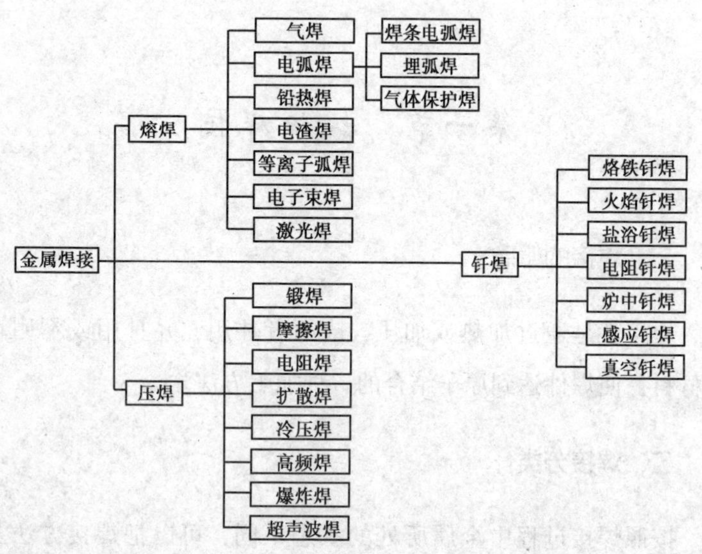

图 1-1　常见焊接分类方法

第二节　焊接安全与劳动保护

一、职业性有害因素的种类

在焊条电弧焊、气焊、气割及碳弧气刨时，产生的职业性有害因素主要如下。

1. 弧光辐射

焊接过程中会产生强烈的弧光，弧光由紫外线、红外线和可见光组成。

2. 焊接烟尘

焊接过程中由于熔化金属的蒸发会形成烟尘，气割、碳弧气刨产生大量烟尘，狭窄区域、密闭容器、管道内较为严重。

3. 有毒气体

碱性焊条焊接时，药皮中的萤石在高温下会产生氟化氢气体。有色金属气焊时有时会产生铅、锌等的有毒气体。

4. 噪声

切割或碳弧气刨时，会发出很强的噪声。

二、职业性有害因素对人体的伤害

1. 焊工尘肺

焊工尘肺是指焊工长期吸入超过规定浓度的烟尘或粉尘所引起的肺组织纤维化的病症，是焊工易患的一种职业病。

2. 有毒气体中毒

含铅、锌等的有毒气体进入人体可引起急性中毒。吸入较高浓度的氟化氢气体，可立即引起眼、鼻和呼吸道刺激症状，严重时会导致支气管炎、肺炎。

3. 眼睛和皮肤的伤害

弧光中的紫外线对眼睛会造成伤害，可引起畏光、眼睛流泪、剧痛等症状，重者可导致电光性眼炎。紫外线还会烧伤皮肤。眼睛受到强红外线的辐射，时间过长会引起白内障。

4. 噪声性耳聋

长期接触噪声能够引起噪声性耳聋，还会对神经、血管系统造成危害。

三、劳动保护用品种类及要求

（一）焊工防护手套

焊工防护手套一般由牛（猪）皮绒面或棉白色帆布和皮革合制，具有绝缘、耐辐射热、耐磨、不易燃、反弹高温金属飞溅物等作用。在导电的焊接场所工作时，所有手套应经 3 000 V 耐压试验，合格后才能使用。

（二）工作服

焊工工作服的种类很多，最常用的是白色棉帆布工作服。白色对弧光有反射作用，棉帆布隔热、耐磨、不易燃烧，有防止烧伤、烫伤的作用。焊接与切割作业的工作服，不能用一般合成纤维织物制作。进行全位置操作时焊工应配备皮制工作服。

（三）焊接护目镜

气焊、气割用防护眼镜片，主要起滤光、防止金属飞溅物损伤眼睛的作用。一般根据焊接、切割工件厚度、火焰能率大小选择。

（四）焊接防护面罩

面罩是防止焊接时飞溅物、弧光和其他辐射损伤焊工面部及颈部的一种遮蔽工具，常用的有手持式和头盔式，装有用来

遮蔽焊接有害光线的黑玻璃（护目镜片），能够防止焊接电弧辐射伤害，起保护眼睛的作用。壳体选用阻燃或不燃且不刺激皮肤的绝缘材料，以遮住脸部和耳部，结构牢靠，不漏光，防止弧光辐射和熔融金属飞溅物烫伤面部和颈部。在狭窄、密闭、通风不良的场所，应配戴输气式头盔或送风头盔。黑玻璃可含各种添加剂，有不同色泽，目前墨绿色居多，为改善保护效果，受光面可镀铬。如为保护黑玻璃不易被飞溅物损坏，应在其外面罩上无色透明的白玻璃。

（五）焊工防护鞋

焊工防护鞋应具有绝缘、抗热、不易燃、耐磨损和防滑等性能。焊工防护鞋的橡胶鞋底经 5 000V耐压试验，合格（不击穿）后方能使用。在易燃易爆场合焊接时，鞋底不能有鞋钉，以免摩擦产生火星。在有积水的地面焊接或切割时，焊工应穿经 6 000V耐压试验合格的防水橡胶鞋。

（六）耳塞、耳罩和防噪声盔

国家标准对工业企业噪声有详细规定。为了消除和降低噪声，采用隔声、消声、减振等一系列噪声控制技术。当仍不能将噪声降低到允许标准以下时，应采用耳塞、耳罩或防噪声头盔等噪声防护用品。

（七）防尘口罩和防毒面具

在焊接、切割作业时，当采用整体或局部通风不能使烟尘浓度降低到允许浓度标准以下时，须选用合适的防尘口罩和防毒面具，以过滤或隔离烟尘及有毒气体。

第三节 常用焊接材料

一、焊条

涂有药皮并专供焊条电弧焊用的熔化电极称为焊条，如图1-2所示。为便于导电和焊钳夹持，在尾部有一段约占焊条总长1/16 的裸焊芯。为便于引燃电弧，在焊条前端，药皮有45°左右的倒角，以使焊芯凸出。

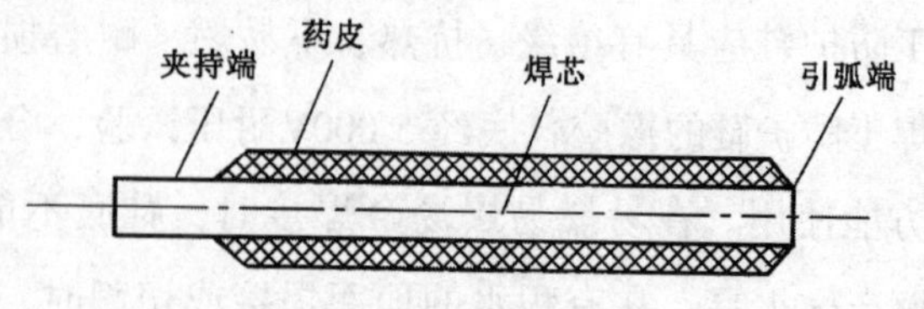

图 1-2 焊条

（一）焊芯

焊条中被药皮包覆的金属芯称为焊芯。焊条电弧焊的焊接过程中，焊芯的作用有两个：一是作为电极，用于传导电流形成电弧；二是作为熔敷金属与母材形成焊缝。所以，焊芯的化学成分直接影响焊缝的质量。焊条直径是指焊芯直径，分为1. 6mm、2. 0mm、2. 5mm、3. 2mm、4. 0mm、5. 0mm、5. 8mm、6. 0mm 等规格。常用的焊条直径有 3. 2mm、4. 0mm、5. 0mm 三种，其长度一般为 250~450mm。

（二）药皮

压涂在焊芯表面的涂料层称为药皮。焊条药皮是由各种矿物质、铁合金和金属类、有机物类及化工原料等组成。按药皮成分在焊接过程中所起的作用，可把药皮分为稳弧剂、造气剂、造渣剂、合金剂、粘结剂、脱氧剂、稀释剂和增塑剂等。

1. 药皮的作用

一种焊条药皮的配方中，组成物都有7~9种之多。焊条药皮在焊接过程中起着极为重要的作用。

（1）改善焊接工艺性能，提高焊接生产率。药皮中含有合适的造渣、稀渣成分，使焊接可获得良好的流动性。熔焊时，药皮形成的套筒能使熔滴顺利向熔池过渡，减少飞溅和热量损失，提高生产率。使电弧稳定性提高。

（2）机械保护作用。熔焊中，为保护熔池不受外界空气侵入，药皮对熔池采取气渣联合机械保护方式。

①气保护。在电弧高温作用下，药皮中的有机物和某些碳酸盐无机物分解产生大量的中性或还原性气体，在熔滴和熔池周围形成一个良好的保护层，防止空气侵入，以保护熔敷金属。

②渣保护。焊接过程中药皮被电弧高温熔化后形成熔渣，覆盖熔滴和熔池金属，这样可隔绝空气中的氧、氮，保护焊缝金属，而且还能缓解焊缝的冷却速度，促进焊缝金属中气体排出，减少生成气孔的可能性，并能改善焊缝的成形和结晶，起到渣保护的作用。

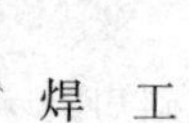

（3）渗合金作用。药皮中加入一定量的合金元素，有利于焊缝金属脱氧并补充合金元素，得到满意的力学性能。

总之，药皮的作用是保证焊缝金属获得具有合乎要求的化学成分和力学性能，并使焊条具有良好的焊接工艺性。

2. 常见药皮类型和特点

不同焊接条件和焊件，对焊条有不同的性能要求，要求药皮必须要有与之对应的特性。根据药皮中主要材料成分的不同，有不同类型的焊条药皮，不同类型的药皮有不同的性能和特点。

（三）焊条的分类

（1）按用途分类。有结构钢焊条（包括低碳钢和合金钢两类焊条）、耐热钢焊条、低温钢焊条、不锈钢焊条、堆焊焊条、铸铁焊条、镍及镍合金焊条、铜及铜合金焊条、铝及铝合金焊条9种。

（2）按焊条药皮的性质分类。分为酸性焊条和碱性焊条。

①酸性焊条。熔渣主要是酸性氧化物，具有较强的氧化性，合金元素烧损多，力学性能较差，尤其是塑性和冲击韧性比碱性焊条低。同时，酸性焊条的脱氧、脱硫、脱磷能力低，因此，热裂纹的倾向较大。但这类焊条的焊接工艺性较好，对弧长、铁锈不敏感，且焊缝成形好，脱渣性好，广泛用于一般结构。

②碱性焊条。熔渣成分主要是碱性氧化物和铁合金。由于脱氧完全，合金过渡容易，能有效地降低焊缝中的氢、氧、硫含量。所以，焊缝的力学性能和抗裂性能均比酸性焊条好，可用于合金钢和重要碳钢的焊接。但这类焊条的工艺性能差，引

弧困难，电弧稳定性差，飞溅较大，不易脱渣，必须采用短弧焊。

（四）焊条的型号

(1) 焊条型号。焊条型号是以国家标准为依据，反映焊条主要特性的一种表示方法。焊条型号应包括焊条类别、焊条特点（如熔敷金属的抗拉强度、使用温度、焊芯金属的类型、熔敷金属的化学组成类型等）、药皮类型及焊接电流种类。

(2) 碳钢焊条型号。GB/T 5117—1995《碳钢焊条》中规定，碳钢焊条型号按熔敷金属的力学性能、焊接位置、焊接电流种类和药皮类型来划分。具体如下。

①字母“E”表示焊条。

②前面两位数字表示熔敷金属最小抗拉强度，单位为“×10 MPa”。

③第三位数字表示焊条适用的焊接位置。“0”及“1”表示焊条适用于全位置焊接（平、立、横、仰），“2”表示焊条适用于平焊和平角焊，“4”表示焊条适用于向下立焊。

④后面第三位和第四位数字组合表示焊条的焊接电流种类和药皮类型。

⑤第四位数字后面如果附加“R”表示耐吸潮焊条，附加“M”表示对吸潮和力学性能有特殊规定的焊条，附加“-1”表示对冲击性能有特殊规定的焊条。

例如，

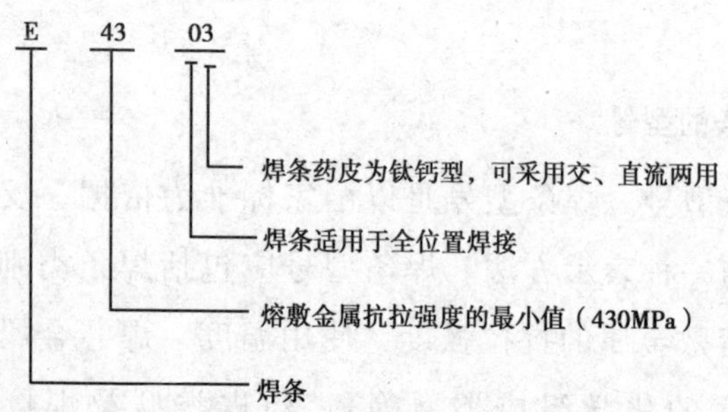

（3）低合金钢焊条。GB/T 5118—1995《低合金钢焊条》中规定，低合金钢焊条型号按熔敷金属的力学性能、药皮类型、焊接位置和焊接电流种类来划分，具体编制方法如下。

①字母“E”表示焊条。

②前面两位数字表示溶敷金属的最小抗拉强度，单位为MPa。

③第三位数字表示焊条的焊接位置，“0”和“1”表示适用于全位置焊接，“2”表示只适用于平焊和平角焊。

④第三位和第四位数字组合表示焊接电流种类和药皮类型。

⑤数字后的后缀字母表示熔敷金属的化学成分分类代号，并以和前面数字隔开。

⑥如果附加有其他化学成分，可直接用其元素符号表示，并用“—”与前面的后缀字母隔开。

例如，

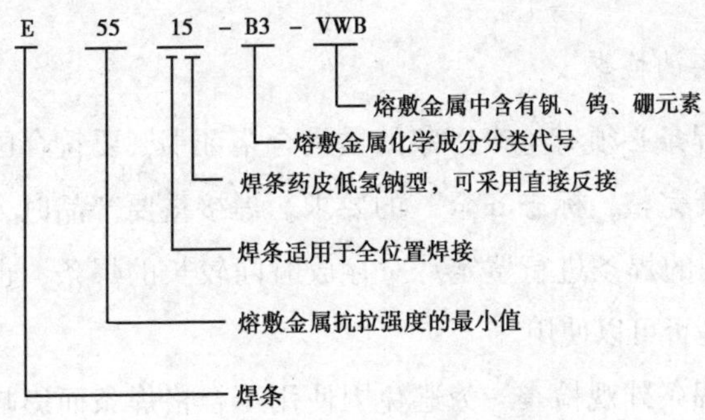

（五）焊条的选择

正确选择焊条是焊接准备工作中的重要一环。选择焊条时应遵循以下原则。

（1）等强度原则。对于承受静载或一般载荷的工件或结构，通常选用与母材相等的抗拉强度。

（2）等性能原则。在特殊环境下工作的结构要求具有较高的耐磨、耐腐蚀、耐高温或力学性能，则应选用保证熔敷金属的性能和母材相近的焊条。如焊接不锈钢时，应选用不锈钢焊条。

（3）等条件原则。根据工件或焊接结构的工作条件和特点选择焊条。如焊件需要承受动载荷或冲击载荷，应选用熔敷金属冲击韧性较好的低氢型碱性焊条；反之，焊接一般结构时应选酸性焊条。

（六）焊条的使用

为保证焊缝质量，焊条在使用前必须进行相应的检查和烘干处理。

1. 焊条的检查

（1）焊条必须有生产厂家的质量合格证书，要符合国家标准中“包装完整，标志齐全”的要求。焊接重要产品时，焊前应对所选用的焊条进行鉴定。对存放时间较长的焊条，也应经鉴定确定是否可以使用。

（2）焊条外观检查。为避免因使用不合格焊条而影响焊缝质量，需进行外观检查。其检查项目如下。

①偏心。偏心是指焊条药皮沿焊芯直径方向厚度的不均匀性，如图 1-3 所示。焊条偏心可用偏心度来表示，计算公式如下：

$$\text{焊条偏心度}（\%）=\frac{2\ (T_1-T_2)}{T_1+T_2}\times 100$$

式中，T_1 为焊条断面药皮层最大厚度+焊芯直径，mm；

T_2为焊条同一断面药皮层最小厚度+焊芯直径，mm。

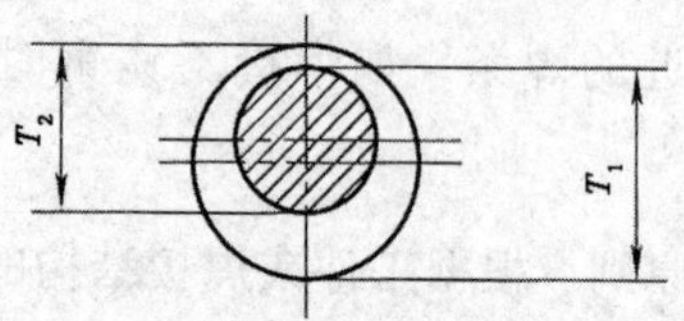

图 1-3 焊条偏心度

焊条出现偏心后，焊接时会因药皮熔化速度不同而无法形成正常的套筒，产生电弧偏吹而影响焊缝质量，因此焊接时应尽量不使用偏心的焊条。

国家标准规定，直径不大于2.5mm的焊条，偏心度不应大于7%；直径为3.2mm和4mm的焊条，偏心度不应大于5%；直径不小于5mm的焊条，偏心度不应大于4%。

②锈蚀。一般来说，若焊芯仅有轻微的锈蚀，基本上不影响性能，但如焊接质量的要求较高，则不能使用。焊条锈蚀严重的不宜使用，至少要降级使用或只用于一般结构的焊接。

③药皮裂纹或脱落。焊接过程中药皮起着很重要的作用，如果药皮出现裂纹甚至脱落，会直接影响焊缝质量。对于药皮脱落的焊条，要作报废处理。

2. 焊条的烘干

焊条出厂时有一定含水量是正常的，对焊接质量没有影响。焊条存放时，会从空气中吸收水分而受潮，受潮的焊条焊接时容易产生氢致裂纹、气孔等缺陷，同时造成电弧不稳定、飞溅和烟尘量增大等现象。因此，焊条（特别是低氢型碱性焊条）使用前必须进行烘干处理。

(1) 烘干温度。不同品种焊条的烘干温度和保温时间是不一样的，在焊条使用说明书中都做了相应的规定。焊条的烘干应注意以下事项。

①酸性焊条。酸性焊条药皮中一般含有吸附水和有机物，烘干温度应能除去药皮中的吸附水，同时不致使有机物分解变质。烘干温度不能太高，一般规定为75～150℃，烘干1～2h。如果酸性焊条存放时间短且包装完好，用于一般结构钢焊接时，使用前可不再烘干。

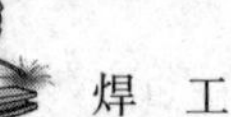

②碱性焊条。碱性焊条在空气中极易吸潮且药皮中不含有机物，烘干时要求除去药皮中矿物质的结晶水，烘干温度要求较高，一般规定为 350～400℃，对含氢量有特殊要求的焊条，烘干温度可提高到 400～450℃，烘干箱内的温度徐徐升高，达到规定温度后再烘干 1～2h，并应放在 100～150℃的焊条保温筒内随用随取。

（2）烘干方法和要求。

①焊条烘干时，应放在远红外烘干箱内进行，不能在炉子上烘烤或用气焊火焰直接烘烤。

②焊条烘干时，应缓慢加热，保温，缓慢冷却，严禁将焊条直接放入高温炉内或从高温炉内取出直接冷却，以防药皮因骤热、骤冷而开裂脱落。碱性焊条烘干后，最好放入低温烘箱内存放，随用随取。

③焊条烘干时，不应成垛或成捆堆放，应均匀铺成层状。直径为 4mm 的焊条不应超过 3 层，直径为 3.2mm 焊条不应超过 5 层。

④焊条烘干一般可重复两次。在某些情况下，酸性焊条中的碳钢焊条重复烘干次数可达 5 次；酸性焊条中的纤维素型焊条和低氢型碱性焊条，重复烘干次数不宜超过 3 次。

二、焊丝

焊丝是指熔焊时作为填充金属或同时作为电极的金属丝。如气焊、钨极氩弧焊、等离子弧焊中，焊丝作为填充金属；埋弧焊、CO_2气体保护焊、熔化极氩弧焊和电渣焊中，焊丝同时作

为电极和填充金属。

（一）焊丝的类型

焊丝的分类方法很多，如图 1-4 所示。

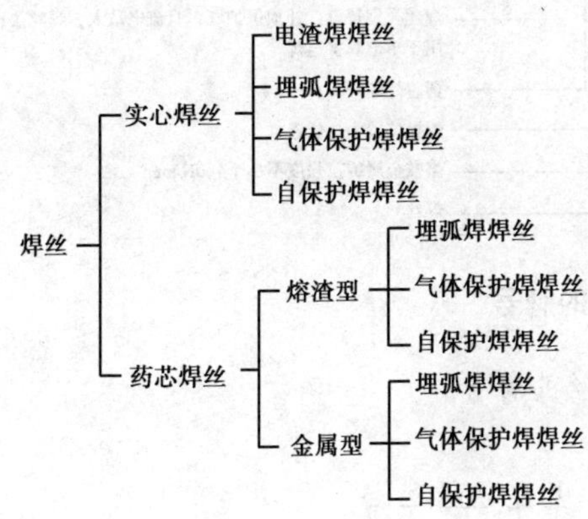

图 1-4　焊丝的分类

（二）焊丝的型号

1. 实心焊丝的型号

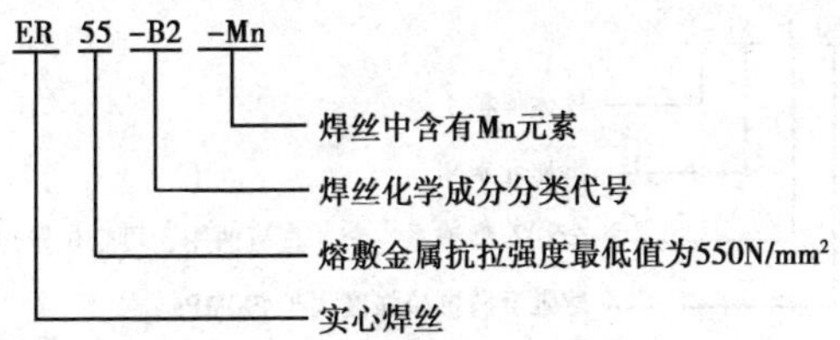

2. 药芯焊丝的型号

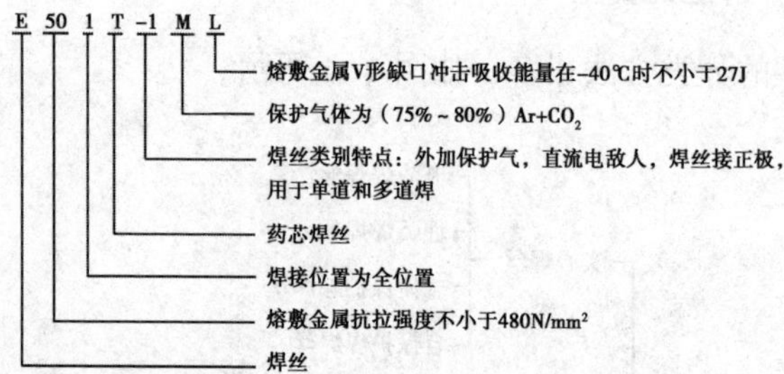

（三）焊丝的牌号

1. 实心焊丝的牌号

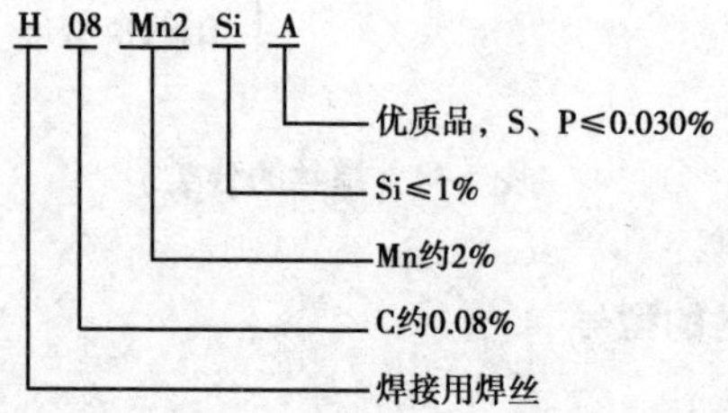

2. 药芯焊丝的牌号

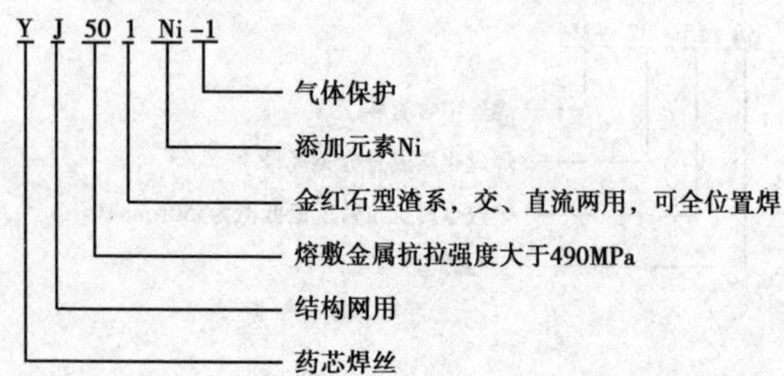

三、焊剂

焊剂是指熔焊时能够熔化形成熔渣和气体，对溶化金属起到保护和冶金处理作用的一种物质。焊剂的作用与焊条药皮类似，在熔焊中必须与焊丝配合使用，共同决定焊缝金属的化学成分和性能。

焊剂主要用于埋弧焊和电渣焊，用于埋弧焊称为埋弧焊剂，用于电渣焊称为电渣焊剂。

（一）焊剂的分类

焊剂的分类方法有很多，每一种分类方法只能反映出焊剂某一方面的特性。

1. 按制造方法分类

（1）溶炼焊剂。熔炼焊剂是按照配方将一定比例的各种配料放入炉内熔化炼制，然后经过水冷粒化、烘干、筛选后制成，目前是国内使用最多的一种焊剂。

（2）非熔炼焊剂。与熔炼焊剂相比，非熔炼焊剂配料在制造过程中不会被熔化。根据加热温度不同，非熔炼焊剂可分为两种。

①烧结焊剂。通过向一定比例的各种配料中加入适量的粘结剂，混合搅拌后在高温下（400~1 000℃）烧结而成。

②陶质焊剂。通过向一定比例的各种配料中加入适量的粘结剂，混合搅拌后在低温下（400℃以下）烘干而成。该焊剂有颗粒强度低、易吸潮、不易保存等缺点，生产中很少使用。

2. 按焊剂中添加的脱氧剂、合金剂分类

（1）中性焊剂。中性焊剂的特点是：不含或含有少量的脱

氧剂，焊后熔敷金属与焊丝化学成分不会发生明显的变化，熔焊过程中，脱氧必须依赖焊丝中的脱氧剂实现。中性焊剂多用于厚板的焊接。

（2）活性焊剂。活性焊剂的特点是：在焊剂中加入一定量的锰、硅脱氧剂，可提高焊缝金属的抗气孔和抗裂能力。使用活性焊剂时，要注意电弧电压对合金元素进入焊缝金属的控制作用，一定要准确控制电弧电压。

（3）合金焊剂。合金焊剂的特点是：在焊剂中添加较多的合金成分，用于过渡合金。多数合金焊剂为非熔炼焊剂，主要用于焊接低合金钢和耐磨堆焊材料。

3. 按焊剂的化学成分分类

（1）按 SO_2的含量，可分为高硅、中硅和低硅焊剂。

（2）按 MnO 的含量，可分为高锰、中锰、低锰焊剂。

（3）按 CaF_2的含量，可分为高氟、中氟、低氟焊剂。

（二）焊剂的牌号

1. 熔炼焊剂的牌号

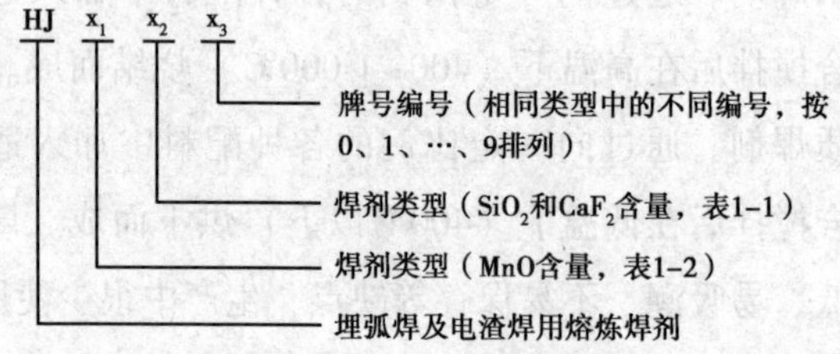

表 1-1　焊剂类型（x_1）

x_1	焊剂类型	w（MnO）（%）
1	无锰	<2
2	低锰	2~15
3	中锰	>15~30
4	高锰	>30

表 1-2　焊剂类型（x_2）

<table>
<tr><th>x_2</th><th>焊剂类型</th><th>w（SiO_2）（%）</th><th>w（CaF_2）（%）</th></tr>
<tr><td>1</td><td>低硅低氟</td><td><10</td><td rowspan="3"><10</td></tr>
<tr><td>2</td><td>中硅低氟</td><td>10~30</td></tr>
<tr><td>3</td><td>高硅低氟</td><td>>30</td></tr>
<tr><td>4</td><td>低硅中氟</td><td><10</td><td rowspan="3">10~30</td></tr>
<tr><td>5</td><td>中硅中氟</td><td>10~30</td></tr>
<tr><td>6</td><td>高硅中氟</td><td>>30</td></tr>
<tr><td>7</td><td>低硅高氟</td><td><10</td><td rowspan="2">>30</td></tr>
<tr><td>8</td><td>中硅高氟</td><td>10~30</td></tr>
<tr><td>9</td><td>其他</td><td>不规定</td><td>不规定</td></tr>
</table>

示例：

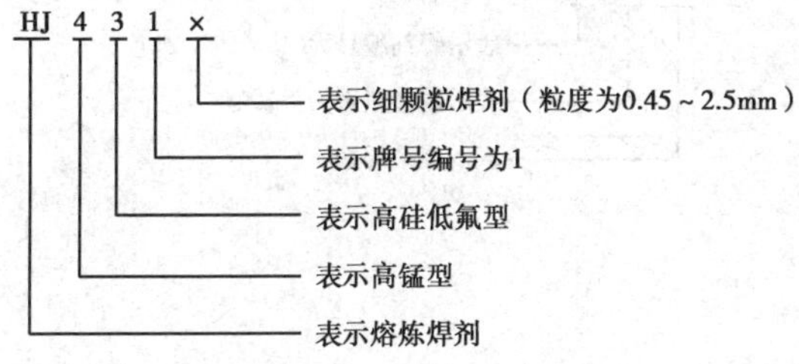

2. 烧结焊剂的牌号

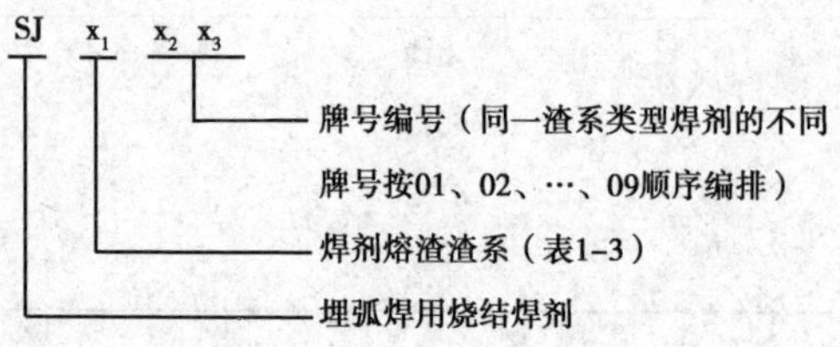

表 1-3　焊剂熔渣渣系（x_1）

x_1	熔渣渣系类型	主要化学成分（质量分数）组成类型
1	氟碱型	CaF_2≥ 15%，$CaO+MgO+MnO+CaF_2$>50%、SiO_2<20%
2	高铝型	Al_2O_3≥20%、$Al_2O_3+CaO+MgO$>45%
3	硅钙型	$CaO+MgO+SiO_2$>60%
4	硅锰型	$MnO+SiO_2$>50%
5	铝钛型	$Al_2O_3+TiO_2$>45%
6. 7	其他型	不规定

示例：

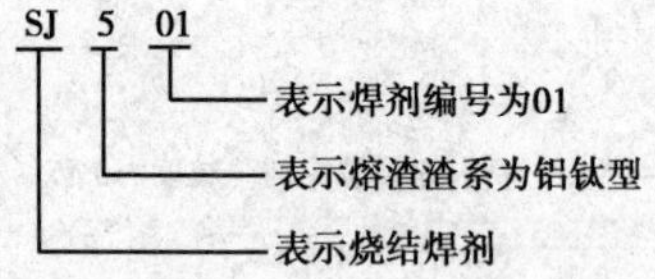

第四节　焊接接头、坡口、焊缝和焊接位置

一、焊接接头

采用焊接方法连接的接头称为焊接接头，焊接接头的基本形式分为对接接头、搭接接头、角接接头、T 形接头、十字接头、端接接头、卷边接头和套管接头共 8 种，如图 1–5 所示。

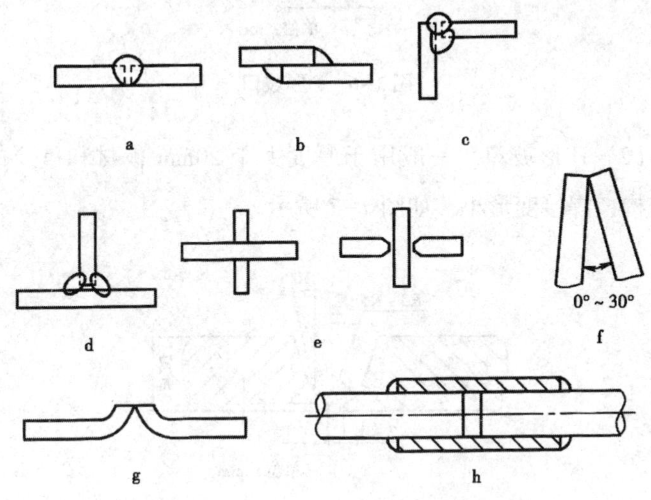

图 1–5　焊接接头的基本形式

a–对接接头；b–搭接接头；c–角接接头；d–T 形接头；
e–十字接头；f–端接接头；g–卷边接头；h–套管接头

二、焊接坡口的类型和尺寸

(一) 坡口类型

焊接接头的坡口一般有I形坡口、U形坡口、V形坡口和双V形坡口四种。

(1) I形坡口。一般用于厚度在6mm以下的金属板材的焊接，如图1-6所示。

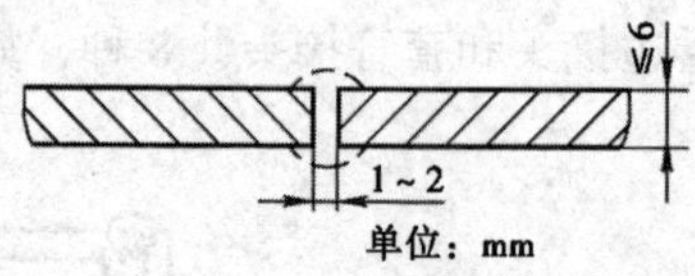

图1-6　I形坡口

(2) U形坡口。一般用于厚度大于20mm板材和重要的焊接结构，焊接变形小，如图1-7所示。

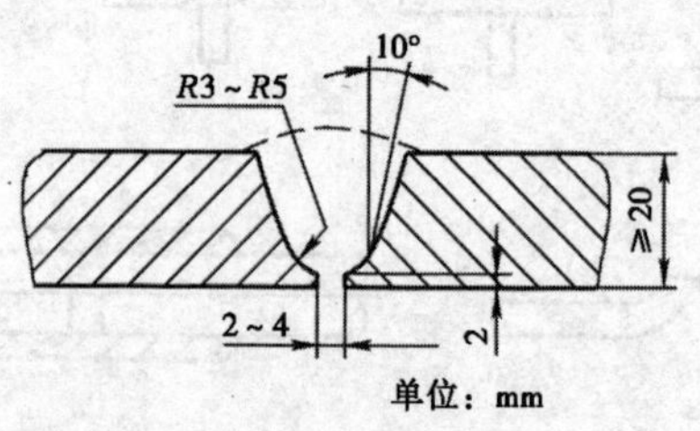

图1-7　U形坡口

(3) V形坡口。形状简单，加工方便，是最常用的坡口形式，常用于厚度在6~40mm工件的焊接，如图1-8所示。

(4) 双V形坡口。常用于厚度在12~60mm板材的双面焊

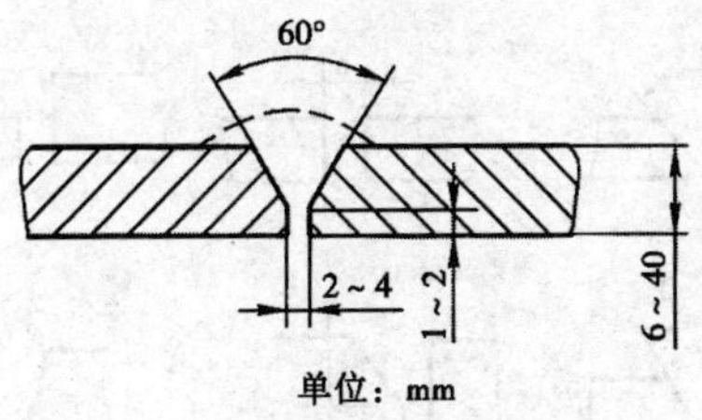

图 1-8　V 形坡口

接，焊后的残余变形较小，如图 1-9 所示。

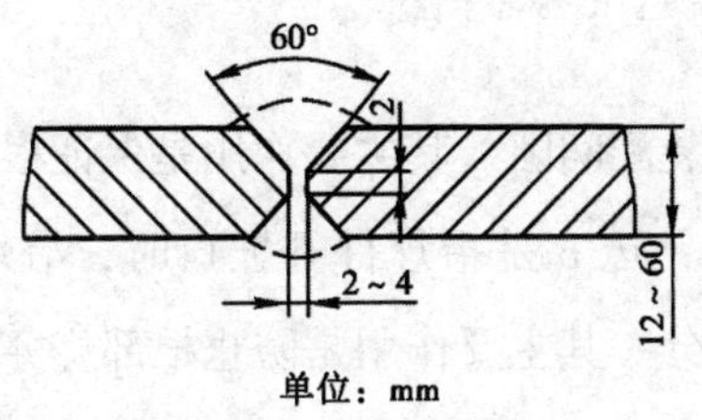

图 1-9　双 V 形坡口

（二）坡口的尺寸及符号

如图 1-10 所示，坡口的尺寸一般包括坡口角度 α、坡口面角度 β、根部间隙 b、钝边 p。坡口形式为 U 形时，坡口尺寸还包括根部半径 R。

（1）坡口角度和坡口面角度。

①坡口角度。坡口角度 α 是指两坡口面之间的夹角。

②坡口面角度。坡口面角度 β 是指待加工坡口的端面与坡口面之间的夹角。

（2）根部间隙。根部间隙 b 是指焊前在接头根部之间预留

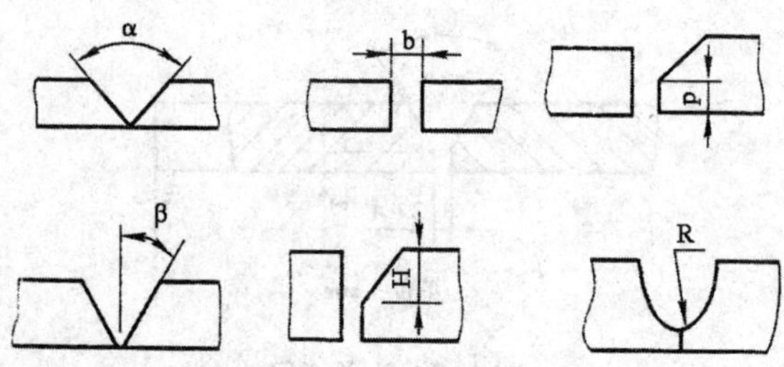

图 1-10　坡口尺寸

α-坡口角度；b-根部间隙；p-钝边；β-坡口面角度；
H-坡口深度；R-根部半径

的间隙，也叫做装配间隙。其主要作用是保证根部焊透。

（3）钝边。钝边 p 是指焊件开坡口时，沿焊件接头坡口根部的端面直边部分。其主要作用是防止根部烧穿。

（4）根部半径。根部半径 R 是指 U 形、J 形坡口底部的圆角半径。其主要作用是增大坡口根部的空间，以便焊透根部。

在选择坡口尺寸时，坡口角度、钝边与根部间隙应配合选用。坡口角度减小时，根部间隙必须加大；根部间隙较小时，钝边高度不能过大，坡口角度不能太小。这样做的目的是使焊条能够到达根部附近，运条方便，保证焊透。

三、焊缝

（一）焊缝的定义及焊缝的种类

焊件经焊接后所形成的结合部分叫做焊缝。焊缝的种类很多，按断续情况不同可将焊缝分为定位焊缝、断续焊缝、连续

焊缝；按空间位置不同可分为平焊缝、横焊缝、立焊缝和仰焊缝，如表 1-4 所示，不同的空间位置均可采用焊缝倾角及焊缝转角来描述如图 1-11 所示。

表 1-4　空间位置不同的焊缝

焊缝名称	焊缝倾角（°）	焊缝转角（°）	施焊位置
平焊缝	0~5	0~10	水平位置
横焊缝	0~5	70~90	横向位置
立焊缝	80~90	0~180	立向位置
仰焊缝	0~5	165~180	仰焊位置

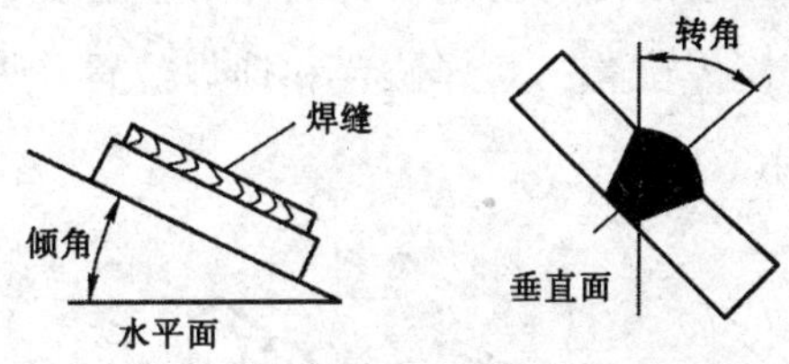

图 1-11　焊缝倾角及焊缝转角

（二）焊缝与接头

焊缝与接头是两个不同的概念。一般情况下，对接焊缝可以由对接接头组成，也可以由 T 形接头、十字接头组成；角焊缝由 T 形接头、十字接头、角接接头组成；组合焊缝可以由对接接头或 T 形接头组成。接头与焊缝的关系如图 1-12 所示。

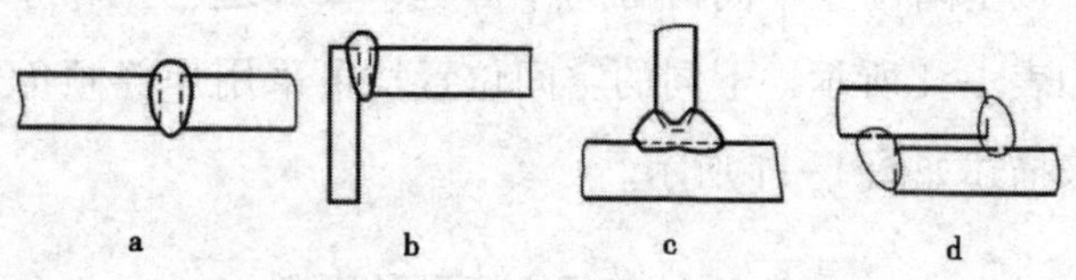

图 1-12　接头与焊缝的关系

a-对接接头对接焊缝；b-角接接头对接焊缝；c-T 形接头组合焊缝；d-搭接接头角焊缝

四、焊接位置

焊接时工件连接处的空间位置叫做焊接位置，焊接位置分为平焊位置、横焊位置、立焊位置和仰焊位置，焊接位置示意如图 1-13 所示。

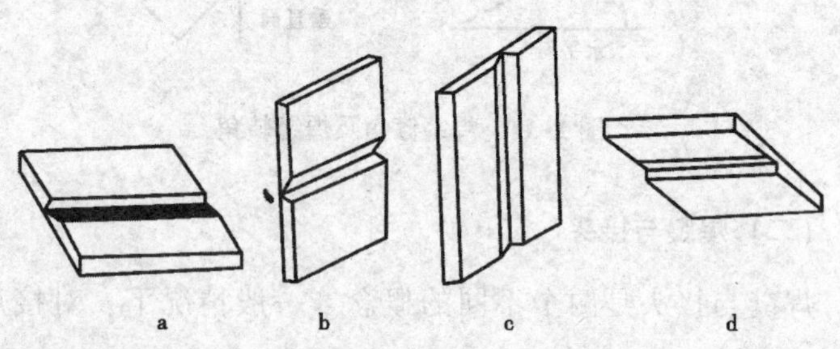

图 1-13　焊接位置示意图

a-平焊位置；b-横焊位置；c-立焊位置；d-仰焊位置

第二章　焊条电弧焊

第一节　焊条电弧焊的优、缺点

在造船、锅炉及压力容器、机械制造、建筑结构、化工设备等制造维修行业中广泛使用焊条电弧焊。

一、优点

一是工艺灵活、适应性强，适用于碳钢、低合金钢、耐热钢、低温钢和不锈钢等各种材料的平、横、立、仰各种位置以及不同厚度、不同结构焊件形状的焊接。

二是与气焊及埋弧焊相比，金相组织细热影响区小，接头性能好。

三是易于通过工艺调整（如对称焊等）来控制应力和改善变形。

四是设备简单，操作方便。

二、缺点

一是对焊工要求高。焊工的操作技术和经验直接影响产品

质量。

二是劳动条件差。焊工在工作时必须手脑并用，精神高度集中，而且还要受到高温烘烤及有毒气体、烟尘和金属蒸气的危害。

三是生产率低。受焊工体质的影响，焊接参数选择范围较小，故生产率低。

三、常用交流焊机

电弧焊变压器是一种具有下降特性的降压变压器，通常又称为交流弧焊机。获得下降特性的方法是在焊接回路中串接一可调电感，此电感可以是一个独立的电抗器，也可以利用弧焊变压器本身的漏感来代替。常用国产电弧焊变压器的型号见表 2-1。

表 2-1　常用国产电弧焊变压器的型号

类型	形式	国产常用牌号
串联电抗器类	分体式	BP
	同体式	BX-500 BX2-500，700，1 000
增强漏磁类	动铁心式	BX1-135，300，500
	动圈式	BX3-300，500 BX3-1-300，500
	抽头式	BX6-120，160

四、常用直流焊机

（一）直流电弧焊发电机

直流电弧焊发电机由一台异步电动机和一台电弧焊发电机

组成，属20世纪50年代的产品，体积大、笨重、耗材多、噪声大、效率低、制造过程中能耗高、加工工艺复杂。每台焊机比晶闸管整流焊机多耗材65%，每年多耗电4 000kW·h，生产率低20%，所以基本被其他产品替代。

（1）结构特点。主要由三相交流电动机、发电机电枢、发电机励磁极及绕组、换向片、电刷、控制盘等组成。

（2）常用型号和规格。常用型号为AX-320、AX1-500、AX4-300，分别属于裂极式、差复励式、换向极式。

（二）电弧焊整流器

电弧焊整流器是一种将交流电经变压、整流转换成直流电的焊接电源。采用硅整流器作为整流元件的称为硅整流弧焊机，采用晶闸管的称为晶闸管整流弧焊机。

（1）硅整流弧焊机。由三相降压变压器、饱和电抗器、整流器组、输出电抗器、通风及控制系统等部分组成。

（2）晶闸管整流弧焊机。由电源系统、触发系统、控制系统、反馈系统等部分组成。常用焊机型号为ZX5-400。

五、逆变焊接电源

逆变焊接电源是从电网吸取电能，经逆变器变换供焊接使用的电源。

（一）逆变焊接电源电路的基本形式

逆变焊接电源电路的基本形式有全桥式逆变电路、半桥式逆变电路和单端式逆变电路。

(二) 逆变焊接电源的特点

逆变焊接电源是焊接电源中最新一代产品，将取代传统电源，具有以下特殊的优点。

(1) 体积小、质量轻、节省材料。

(2) 高效节能。

(3) 适应性强。

第二节　焊条电弧焊的常用辅助工具

一、焊钳

焊钳又称焊把，起夹持焊条和传导电流的作用。焊钳上夹持焊条的导电部分用纯铜制作，绝缘外壳用胶木粉压制而成。用普通焊钳长时间焊接时，焊钳会发烫。用防烫手焊钳焊接，手柄温度低于40℃，是一种新型、高效的焊钳。

二、焊接防护面罩和滤光眼镜

滤光眼镜俗称黑玻璃，装在焊接防护面罩上，以保护焊工的面部及眼睛免受强烈弧光的辐射和金属飞溅物的灼伤。常用的焊接防护面罩有头戴式、手持式等。

三、焊条保温筒

对于有烘干及保温要求的焊条，焊工在领出焊条以后，应保存在焊条保温筒内，焊接时应逐根取出使用。

四、焊接电缆快速接头

焊接电缆快速接头（图 2-1）采用铜螺旋槽紧固，为平面接触，配有耐热橡胶外套，具有接触可靠、导电性能良好、安装方便、连接牢固、使用安全等优点。使用电缆快速接头后，避免了使用扁铁或铜接头加螺栓连接电缆引起的装卸麻烦、导电性能差、接头处接触电阻大、容易发热等缺陷。

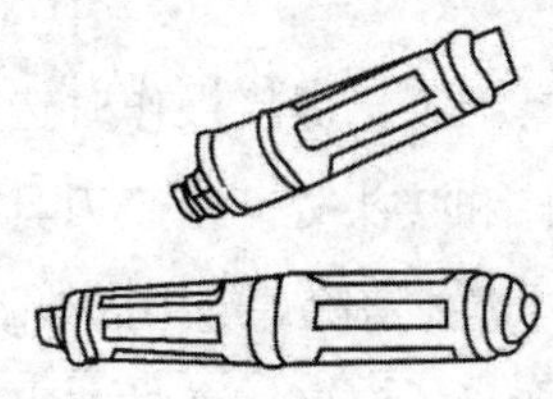

图 2-1　焊接电缆快速接头

焊接电缆快速接头的装配方法如下：先将电缆端部约 30mm 的绝缘外层剥掉，再用厚 0.1mm 的铜箔包一圈多，塞进接头后面的孔中用螺钉拧紧，再套上护套即可。若发现温度升得过高，应立即检查电缆接头与插座是否拧紧、电缆与接头连接处是否接好。

五、角向磨光机

角向磨光机是一种小型电动砂轮机，其外形如图 2-2 所示。

角向磨光机根据砂轮片的直径划分型号，有 ф100mm、ф125mm、ф50mm、ф80mm 四种，主要用来打磨坡口和焊缝接头处。如果换上相同直径的杯形钢丝轮，还可用来刷锈，使用非

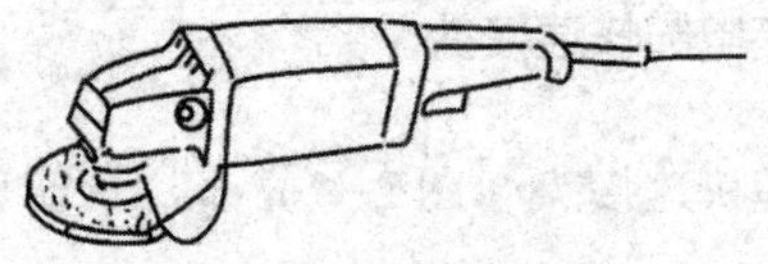

图 2-2 角向磨光机

常方便。

六、电磨头

电磨头原用于模具加工，焊接操作时选用合适的磨头可用于打磨小型焊件的坡口和接头处。由于刀具硬度很大，具有各种形状，特别适用于补焊前清除焊缝中的缺陷。

电磨头如图 2-3 所示。电磨头的转速很高（1 000 r/min），若采用硬质磨头，实际上是铣削加工，压力稍大时，铁屑呈针状飞出，极易伤人，故使用电磨头时要戴手套和护目镜。铁屑飞出方向不能站人，以防发生事故。

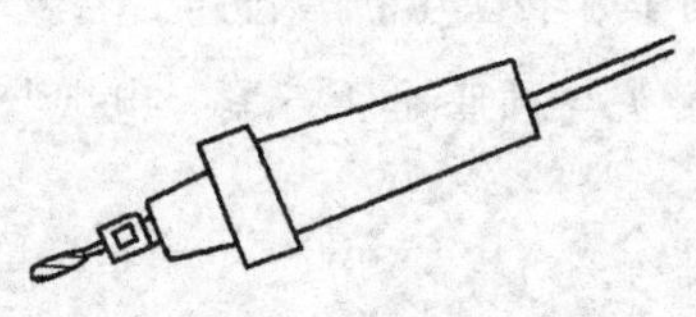

图 2-3 电磨头

更换刀具时必须将刀具卡紧，刀杆留得要尽量短，磨削开始时下压要慢，防止冲击，磨削时压力不能太大，防止碰弯刀杆。当刀杆没有碰弯时，磨削很轻松，平稳无振动；若刀杆碰

弯了或刀杆松动，在高速转动时偏心振动很大，应立即停止磨削，重新卡紧刀杆或更换刀具。电磨头还可采用特型小砂轮打磨，砂轮的安全线速度不低于 35 m/s。

七、地线夹与多用对口钳

为了保证焊机输出导线与工件可靠连接，可采用地线夹或多用对口钳。地线夹如图 2-4a 所示。GQ-2 型多用对口钳如图 2-4b 所示，用于板件装配时的快速夹紧。适用于板厚为 30～70mm 的板件对接。焊接管材对接焊缝时，若采用管焊对口钳进行装配，可保证同轴度，焊完定位焊点后，拆下管焊对口钳即可进行焊接。GQ-1 型管焊对口钳如图 2-4c 所示，适用于φ15～105mm 的管材对接焊。

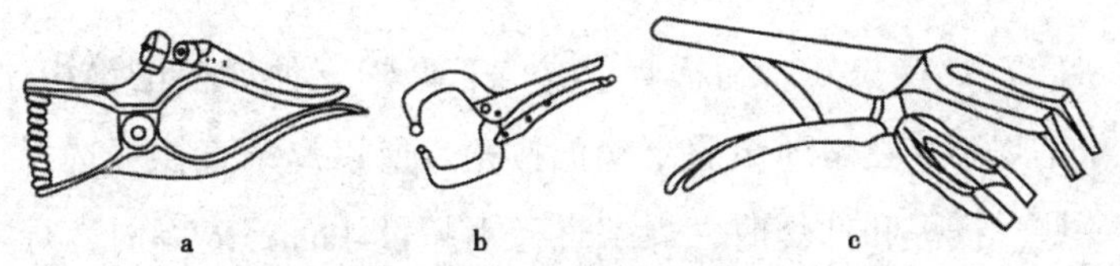

图 2-4　地线夹与多用对口钳

a-地线夹；b-GQ-2 型多用对口钳；c-GQ-1 型管焊对口钳

第三节　焊条电弧焊焊接工艺

一、焊条电弧焊焊接参数

焊条电弧焊焊接参数包括焊条型号（牌号）、焊条直径、焊接电流、电弧电压、焊接速度、焊接层数、电流种类和焊接极性等。本节主要介绍焊条直径、焊接电流、电弧电压、焊接速度和焊接极性。

（一）焊条直径

焊条直径的选择与以下因素有关。

（1）焊件厚度。厚度较大的焊件应选用直径较大的焊条，而厚度较小的焊件应选用直径较小的焊条。焊条直径与焊件厚度的关系见表 2-2。

表 2-2　焊条直径与焊件厚度的关系

焊件厚度（mm）	≤1.5	2	3	4~5	6~12	≥12
焊条直径（mm）	1.6	2.5	3.2	3.2，4	4，5	4，5，6

（2）焊接位置。与横焊、立焊、仰焊三种焊接位置相比，由于平焊不存在熔池金属下淌的倾角，所以焊条直径可选择得大一些。横焊和仰焊时，焊条直径不超过 4mm；立焊时，焊条直径不超过 5mm，尽量形成较小的溶池，以减小溶化金属下淌的倾角。

（3）焊接层数。多层焊时，第一层焊时要采用直径较小的焊条，以保证根部焊透。双面焊时，背面碳弧气刨清根以后，焊道窄而深，也应采用直径较小的焊条。其他焊层可采用直径较大的焊条。

（二）焊接极性

采用直流电源施焊时，焊件与电源输出端正、负极的接法

称为焊接极性。极性有正接和反接两种，正接即焊件接电源正极，焊条接电源负极的接线法，称正极性；反之则称反极性，如图 2-5 所示。

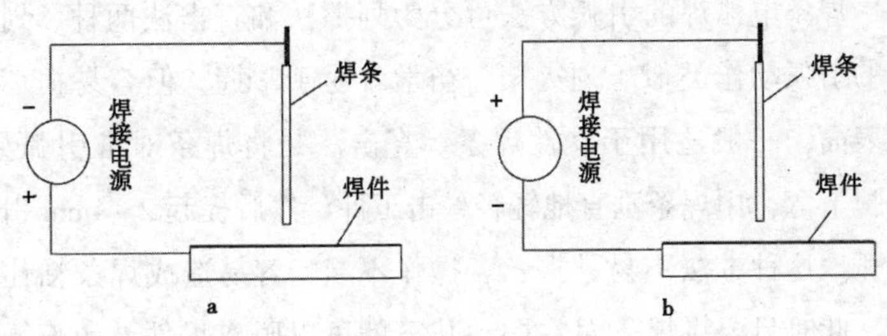

图 2-5 直流正极性与反极性示意图

a-直接正接；b-直流反接

一般情况下，碱性焊条焊接时，采用直流反接法。因为反接时电弧燃烧稳定，飞溅较小，而且声音比较平静均匀；而直流正接时，情况相反，并且容易产生气孔。在焊接厚板时，一般采用直流正接法，这时电弧中的热量较多集中在焊件上，有利于加快焊件熔化，以保证足够的熔深；焊接薄板时，为了防止烧穿，常采用反接法。对锅炉和压力容器等重要焊接结构的焊接，焊条型号（牌号）及焊条直径、焊接电流、电弧电压、焊接速度等焊接参数，都要经过焊接工艺评定合格以后，由焊接工艺人员填入焊接工艺卡，焊工按照焊接工艺卡给定的参数范围施焊。焊接完成以后，经 X 射线探伤或超声波探伤，不合格的焊缝应进行返修，返修主要采用焊条电弧焊方法，返修工艺也要经焊接工艺评定。

二、焊条电弧焊基本操作

（一）引弧

焊条电弧焊的引弧方法可分为划擦法和直击法两种。划擦法的引弧动作类似于划火柴，初学者易于掌握，但容易损坏焊件表面，一般适用于碱性焊条。直击法是将焊条对准引弧处，手腕下弯，用焊条垂直地轻轻敲击工件，然后提起 2~4mm 引燃电弧。这种方法不易掌握，若操作不当，容易造成焊条粘住焊件。此时只要将焊条左右摆动几下就可以脱离焊件。如不能脱离焊件，则应立即使焊钳脱离焊条，待焊条冷却后，用手将其扳下。如果焊条端部有药皮套筒，可戴好手套将套筒去掉再引弧。这种引弧法一般适用于酸性焊条或在狭窄部位的焊接。

引弧后引弧区域的金属温度不可能迅速升高，所以起点部分的熔深较小，焊缝余高较大。为了改善这种现象，可以采用较长的电弧对焊缝的起点处进行必要的预热，然后适当地缩短电弧长度再转入正常焊接。

（二）运条

在焊接过程中，为了稳定弧长、保持熔池形状、控制焊缝成形，焊条必须做一定的运动。在焊接过程中，焊条相对于焊件做各种运动称为运条。运条包括 3 个基本动作。

（1）焊条沿自身中心线向熔池送进的运动，用以维持一定的弧长。焊条的送进速度应与焊条熔化的速度相同，否则会产生断弧或焊条与焊件粘连的现象。

（2）焊条沿焊接方向逐渐前移，以形成一定的焊接速度。

(3) 焊条横向摆动，以获得一定的焊缝宽度。较薄的工件或厚板底层焊接时，焊条一般不做横向摆动。

通常所说的运条是指焊条的横向摆动。常用的运条方法有直线往复运条法、锯齿形运条法、环形运条法、月牙形运条法、三角形运条法等，它们适用于不同的焊接位置，如图 2-6 所示。

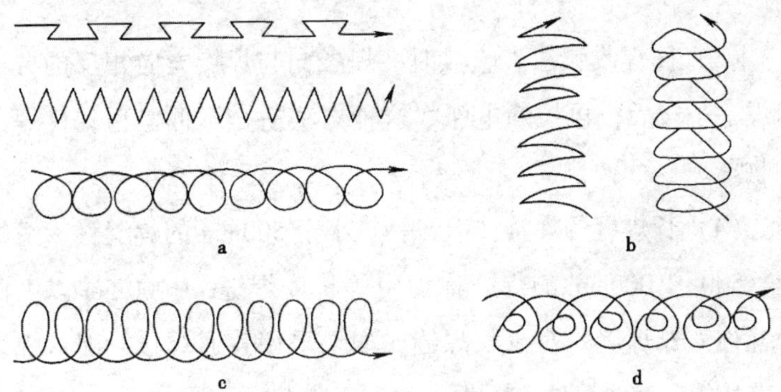

图 2-6　焊条电弧焊常用的运条方法

a-平焊；b-立焊；c-横焊；d-仰焊

采用何种运条方法，应根据接头形式、装配间隙、焊接位置、焊条的型号与直径、焊接电流及焊工的焊接技术水平等多方面因素综合确定。

(三) 熄弧

焊接结束熄弧时，如果简单地直接提起焊条熄灭电弧，在收尾处往往会形成弧坑。凹陷的弧坑不仅降低收尾处焊接接头的承载能力，发生应力集中，而且容易产生弧坑裂纹和气孔等缺陷。为了防止弧坑的出现，焊接时通常采用以下 3 种方法熄弧。

(1) 划圈收弧法。收弧时，焊条沿弧坑进行圆周运动，直到熔化的金属填满弧坑后再熄灭电弧。这种熄弧方法适合于厚板焊接的收尾。

（2）反复断弧收弧法。收弧时，快速、反复多次熄灭和引燃电弧，直到熔化的金属填满弧坑后再熄灭电弧。这种熄弧方法适合于薄板和大电流焊接的收尾。低氢型焊条不适用，因为易产生气孔。

（3）回焊收弧法。收弧时，焊条向与焊接方向相反的方向回焊一小段后，再拉断电弧。这种方法适合于低氢型碱性焊条的收尾。

（4）长焊缝的焊接技术。一般小于 500mm 的焊缝称为短焊缝，500~1 000mm 的焊缝称为中等长度焊缝，1 000mm 以上的焊缝称为长焊缝。对于长焊缝，如果采用直通焊接，即从焊缝起点始焊一直焊到终点，焊件的变形将会很大。

第四节　焊条电弧焊空间位置的焊接

一、定位焊

焊前为固定焊件的相对位置进行的焊接操作叫做定位焊，定位焊形成的短小而断续的焊缝叫做定位焊点。通常定位焊点都比较短小，在焊接过程中不用去掉而成为正式焊缝的一部分。定位焊点质量将直接影响正式焊缝的质量及焊件变形情况。因此，对定位焊必须给予足够的重视。

焊接定位焊点必须注意以下几点。

一是必须按照焊接工艺的要求施焊。如采用焊接工艺规定牌号的焊条；若工艺规定焊前预热、焊后缓冷，则施焊时也必须焊前预热、焊后缓冷。

二是必须保证熔合良好，焊缝不能太高，起头和收尾处应圆滑过渡、不能太陡，防止焊缝接头时两端焊不透。

三是定位焊点的参考尺寸见表 2–3。

表 2–3 定位焊点的参考尺寸

焊件厚度（mm）	定位焊点长度（mm）	定位焊点间距（mm）
<4	5~10	50~100
4~12	10~20	100~200
>12	≥20	200~300

四是不能焊在焊缝交叉处或焊缝方向发生急剧变化的位置，通常至少应离开这些部位 50mm。

五是为防止焊接过程中焊件裂开，应尽量避免强制装配，必要时可增加定位焊点的长度，并减小定位焊点的间距。

六是定位焊后必须尽快正式焊接，避免中途停顿或存放时间过长。

二、平焊

平焊是在水平面上进行任何方向焊接的一种操作方法。由于焊缝处在水平位置，熔滴主要靠自重过渡，操作技术比较容易掌握，可以选用较大直径的焊条和较大的焊接电流，生产率高，因此在生产中应用比较普遍。平焊时如果焊接参数选择不

当或操作不当，打底焊时容易造成根部焊瘤或未焊透，也容易出现熔渣与熔化金属混杂不清或熔渣超前，而引起夹渣等缺陷。

平焊分为对接接头平焊、T 形接头平焊等。

1. I 形坡口和 V 形坡口的对接接头平焊

（1）I 形坡口对接接头平焊。当板厚小于 5mm 时，一般采用 I 形坡口对接接头平焊。采用双面双道焊，焊条直径为 3.2mm，焊接正面焊缝时，采用短弧焊，熔深为焊件厚度的 2/3，焊缝宽度为 5～8mm，余高应小于 1.5mm，如图 2-7a 所示。焊接反面焊缝时，除重要结构外，不必清根，但要将正面焊缝背部的熔渣清除干净，然后再焊接，焊接电流可大些。焊条角度如图 2-7b 所示。

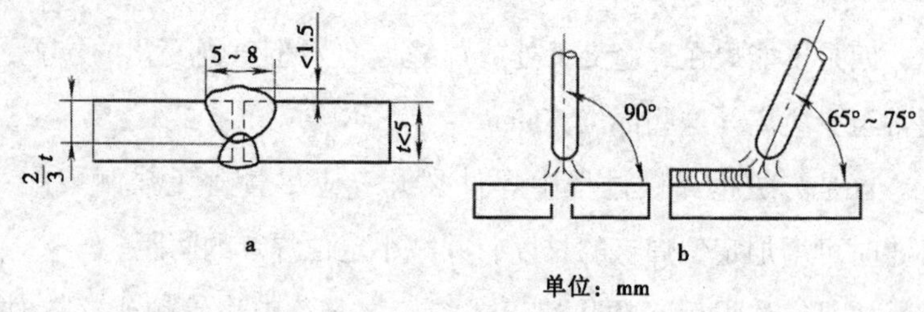

图 2-7　I 形坡口对接接头平焊

a-I 形坡口对接接头；b-对接接头平焊的焊条角度

（2）V 形坡口对接接头平焊。当板厚超过 5mm 时，由于电弧的热量较难深入到 I 形坡口根部，必须开单 V 形坡口或双 V 形坡口，可采用多层焊或多层多道焊，如图 2-8 所示。

多层焊时，第一层应选用较小直径的焊条，运条方法应根据焊条直径与坡口间隙而定，可采用直线运条法或锯齿形运条

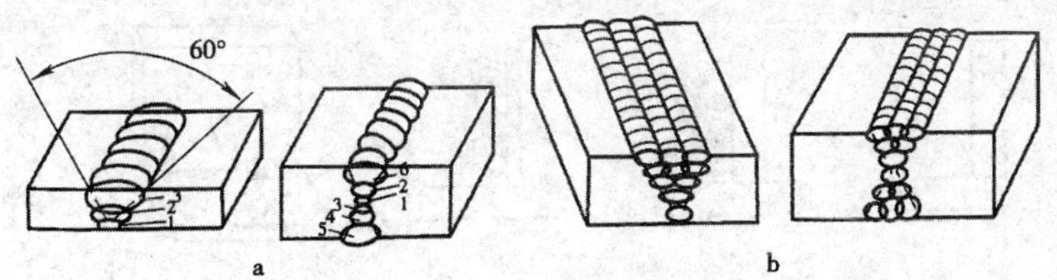

图 2-8　V 形坡口对接接头平焊

a-多层焊；b-多层多道焊

法，要注意边缘熔合的情况并避免焊件焊穿。以后各层焊接时，应将前一层焊渣清除干净，然后选用直径较大的焊条和较大的焊接电流施焊，采用锯齿形运条法时可应用短弧焊接，但每层不宜过厚，应注意在坡口两边稍停留，为防止产生熔合不良及夹渣等缺陷，每层的焊缝接头须互相错开。

多层多道焊的焊接方法与多层焊相似，焊接时，初学者应特意清除熔渣，以避免产生夹渣、未熔合等缺陷。

2. T 形接头平焊

T 形接头平焊时，容易产生未焊透、焊偏、咬边及夹渣等缺陷，特别是垂直板容易咬边。为防止上述缺陷产生，焊接时除正确选择焊接参数外，还必须根据两板厚度调整焊条角度，电弧应偏向厚板一边，让两板受热均匀一致，如图 2-9 所示。

当焊脚小于 6mm 时，可用单层焊，选用 ϕ4mm 焊条，采用直线形或斜圆形运条方法，焊接时采用短弧，防止焊偏及垂直板咬边。焊脚在 6～10mm 时，可用两层两道焊，焊第一层时，选用 ϕ3. 2～4mm 焊条，采用直线形运条法，必须将顶角焊透，以后各层可选用 ϕ4～5mm 焊条，采用斜圆形运条法，要防止发

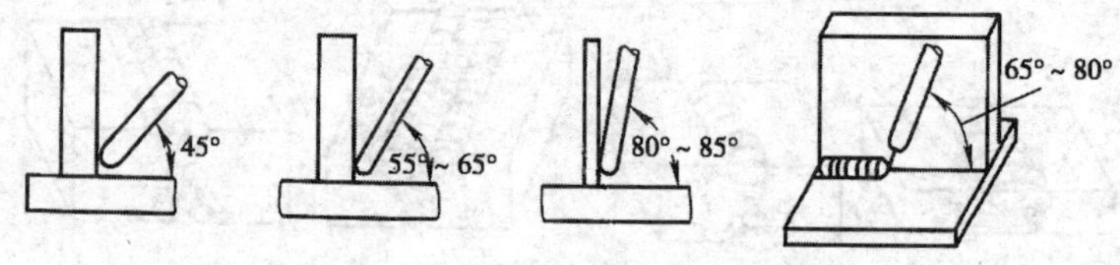

图 2-9　T 形接头平焊的焊条角度

生焊偏及咬边等现象。当焊脚大于 10mm 时，采用多层多道焊，可选用 φ5mm 的焊条，以提高生产率。在焊接第一道焊缝时，应选用较大的电流，以得到较大的熔深；焊接第二道焊缝时，由于焊件温度升高，可选用较小的电流和较快的焊接速度，以防止垂直板咬边。在实际生产中，当焊件能翻动时，尽可能把焊件放成船形焊位置进行焊接，如图 2-10 所示。船形焊位置焊接既能避免产生咬边等缺陷，焊缝平整美观，又能使用大直径焊条和较大的焊接电流，以便于操作，从而提高生产率。

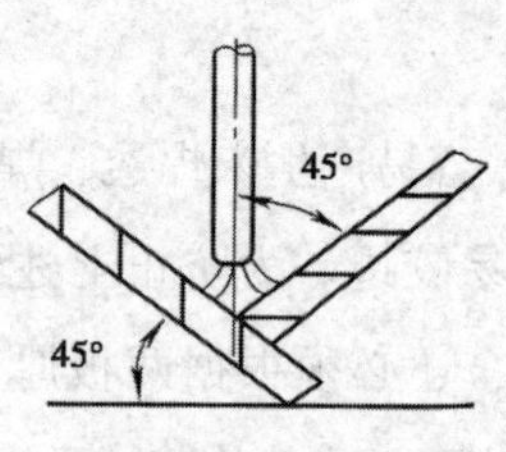

图 2-10　船形焊

三、立焊

立焊是在垂直方向上进行焊接的一种操作方法。由于在重力的作用下，焊条熔化所形成的熔滴及熔池中的熔化金属下淌，

造成焊缝成形困难，质量受到影响。因此，立焊时选用的焊条直径和焊接电流均应小于平焊，并采用短弧焊接。

1. 立焊的操作方法

立焊有两种操作方法，一种是由下向上施焊，这是目前生产中常用的方法，称为向上立焊或简称为立焊；另一种是由上向下施焊，这种方法要求采用专用的向下立焊焊条才能保证焊缝质量。由下向上施焊时可采用以下措施。

（1）在对接立焊时，焊条应与基体金属垂直，同时向下倾斜与施焊前进方向向下倾斜成60°~80°的夹角。在角接立焊时，焊条与两板之间的夹角各为45°，向下倾斜10°~30°，如图2-11所示。

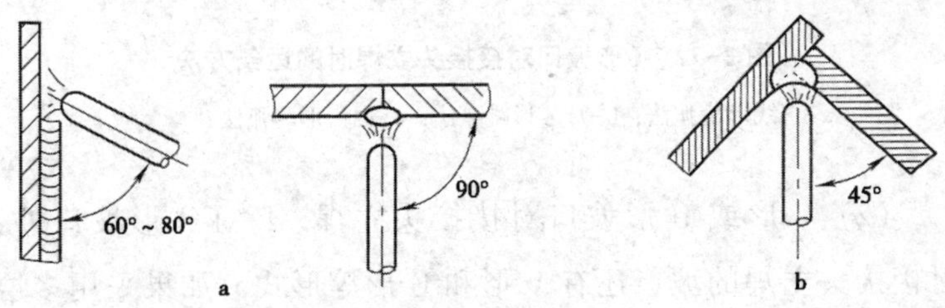

图2-11　立焊时的焊条角度

a-对接立焊；b-角接立焊

（2）采用较小直径的焊条和较小的焊接电流，焊接电流一般比平焊小10%~15%。

（3）采用短弧焊接，缩短熔滴过渡的距离。

（4）根据焊件接头形式的特点，选用合适的运条方法。

2. 对接接头立焊

（1）I形坡口对接接头立焊。这种坡口常用于薄板焊接，焊

接时容易产生焊穿、咬边、熔滴流失等缺陷，给焊接带来很大困难。一般选用跳弧法施焊，电弧离开熔池的距离尽可能短些，跳弧的最大弧长应不大于6mm。在实际操作中，应尽量避免采用单纯的跳弧法。有时根据焊条的性能及焊缝的条件，可采用其他方法与跳弧法配合使用，如图2-12所示。

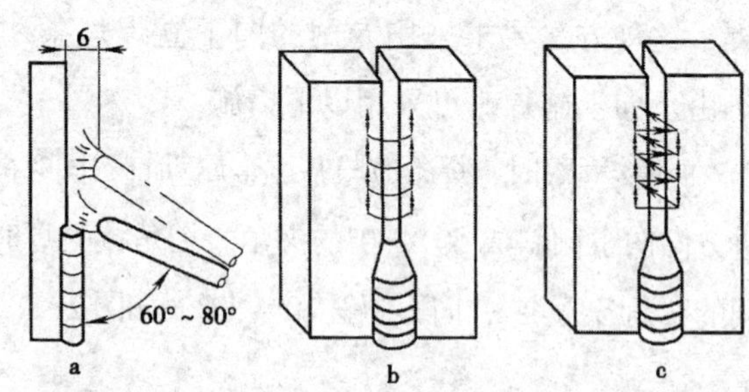

图2-12 I形坡口对接接头立焊时的运条方法

a-直线形跳弧法；b-月牙形跳弧法；c-锯齿形跳弧法

(2) V形或U形坡口对接接头立焊。除了I形坡口外，对接接头立焊的坡口还有V形和U形等形式。如果采用多层焊，层数则由焊件厚度决定，每层焊缝的成形都应注意。打底焊时应选用直径较小的焊条和较小的焊接电流，对厚板采用三角形运条法，对中厚板或较薄板可采用月牙形或锯齿形跳弧法，各道焊缝应及时清理焊渣，并检查焊接质量。盖面焊运条方法按所需焊缝高度选择，运条的速度必须均匀，在焊缝的两侧稍作停留，这样有利于熔滴过渡，防止产生咬边等缺陷。V形坡口对接接头立焊常用的运条方法如图2-13所示。

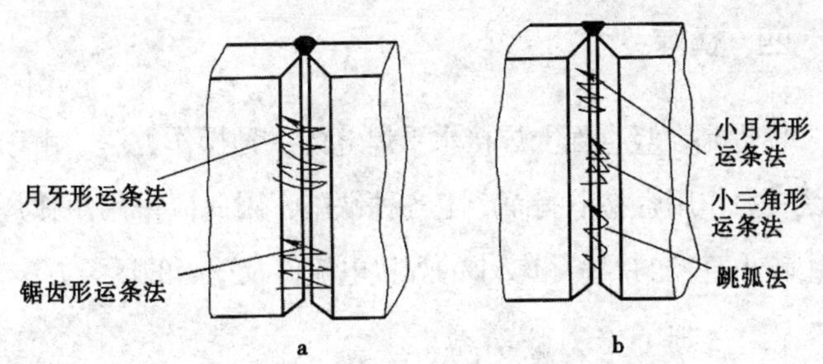

图 2-13　V 形坡口对接接头立焊常用的运条方法

a-填充及盖面焊层；b-打底焊层

3. T 形接头立焊

T 形接头立焊容易产生的缺陷是角顶不易焊透，而且焊缝两边容易咬边。为了克服这些缺陷，焊条在焊缝两侧应稍作停顿，电弧的长度应尽可能缩短。焊条摆动幅度应不大于焊缝宽度。为获得成形良好的焊缝，要根据焊缝的具体情况选择合适的运条方法。常用的运条方法有跳弧法、三角形运条法、锯齿形运条法和月牙形运条法等，如图 2-14 所示。

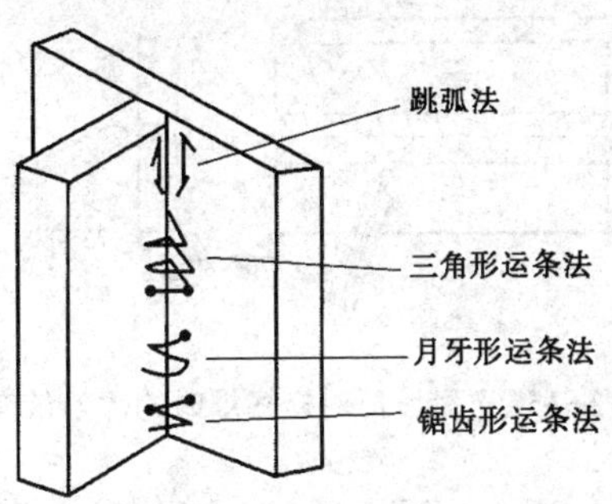

图 2-14　T 形接头立焊的运条方法

四、横焊

横焊是在竖直面上焊接水平焊缝的一种操作方法。由于熔化金属受重力作用容易下淌而产生各种缺陷，因此应采用短弧焊接，并选用较小直径的焊条和较小的焊接电流以及适当的运条方法。

1. I 形坡口的对接横焊

板厚为 3~5mm 时，可采用 I 形坡口对接双面焊。正面焊接时选用 φ3. 2mm 或 φ4mm 焊条，施焊时的焊条角度如图 2-15 所示。焊件较薄时，可采用直线往返形运条法焊接，让熔池中的熔化金属有机会凝固，以防止烧穿；焊件较厚时，可采用短弧直线形或小斜圆形运条法焊接，以得到合适的熔深，焊接速度应稍快些，力求做到均匀，避免焊条的熔化金属过多地聚集在某一点上形成焊瘤以及焊缝上部产生咬边等缺陷。打底焊时，宜选用直径较小的焊条，一般选用 φ3. 2mm 的焊条，电流稍大些，采用直线运条法焊接。

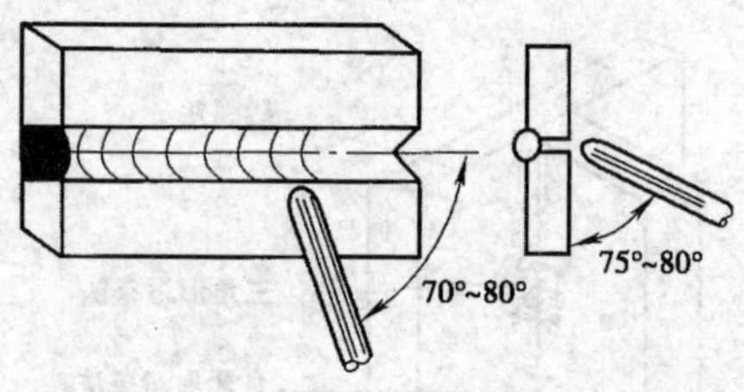

图 2-15　I 形坡口对接横焊时的焊条角度

2. V 形或 K 形坡口对接横焊

横焊的坡口一般为 V 形或 K 形，其坡口的特点是下板不开或下

板所开坡口角度小于上板，如图 2–16 所示。这样有利于焊缝成形。

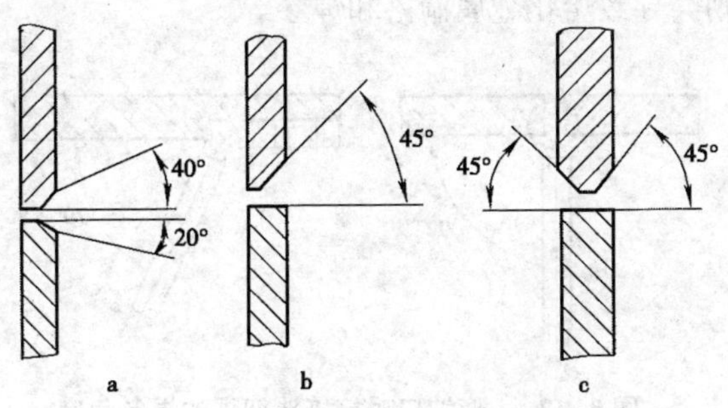

图 2–16　横焊时对接接头的坡口形式

a–V 形坡口；b–单边 V 形坡口；c–K 形坡口

五、仰焊

仰焊时，焊缝位于焊接电弧的上方，焊工在仰视位置进行焊接。仰焊劳动强度大，是最难的一种焊接。由于仰焊时熔化金属在重力的作用下较易下淌，熔池形状和大小不易控制，容易出现夹渣、未焊透和凹陷等缺陷，运条困难，焊缝表面不易平整，焊接时必须正确选择焊条直径和焊接电流，以减小熔池的面积，尽量维持最短的电弧，以利于熔滴在很短的时间内过渡到熔池中，促使焊缝成形。

（一）对接接头仰焊

（1）I 形坡口对接接头仰焊。当焊件厚度小于 4mm 时，采用 I 形坡口对接接头仰焊，应选用 φ3. 2mm 的焊条，焊条角度如图 2–17 所示。接头间隙较小时可用直线形运条法，接头间隙较大时可用直线往返形运条法进行焊接。焊接电流适中，若焊接

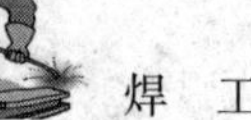

电流太小，电弧不稳定，会影响熔深和焊缝成形；若焊接电流太大，则会导致熔化金属淌落和焊穿等。

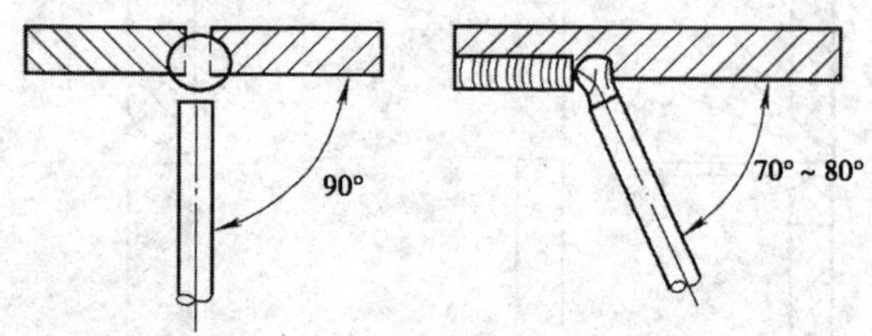

图 2-17　I 形坡口对接接头仰焊的焊条角度

（2）V 形坡口对接接头仰焊。当焊件厚度大于 5mm 时，采用 V 形坡口对接接头仰焊，常用多层焊或多层多道焊。焊接第一层焊缝时，可采用直线形、直线往返形、锯齿形运条法，要求焊缝表面平直，不能向下凸出；在焊接第二层以后的焊缝时，采用锯齿形或月牙形运条法，如图 2-18 所示。不论采用哪种运条方法，焊成的焊道均不宜过厚。焊条的角度应根据每一焊道的位置作相应调整，以有利于熔滴过渡和获得较好的焊缝成形。

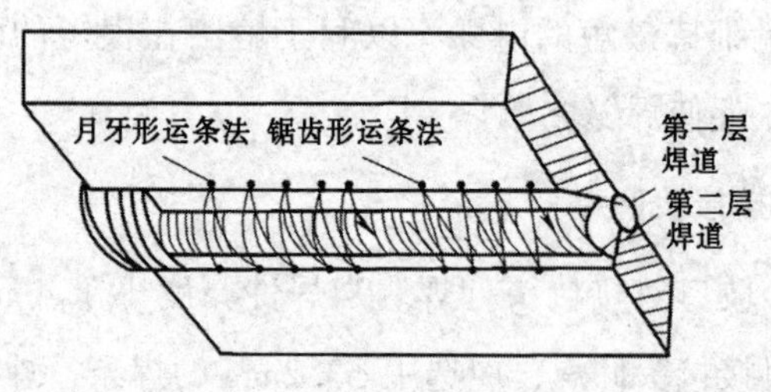

图 2-18　V 形坡口对接接头仰焊的运条方法

（二）T 形接头仰焊

T 形接头仰焊比对接接头仰焊容易操作，通常采用单层焊或多层多道焊。当焊脚小于 8mm 时，宜采用单层焊；当焊脚大于 8mm 时，宜采用多层多道焊。焊条角度和运条方法如图 2-19 所示。焊接第一层时采用直线运条法，以后各层可采用斜圆圈形或三角形运条法。若技术熟练可使用稍大直径的焊条和稍大的焊接电流。

焊条电弧焊的焊接参数可根据具体工作条件和操作者技术熟练程度合理选择。

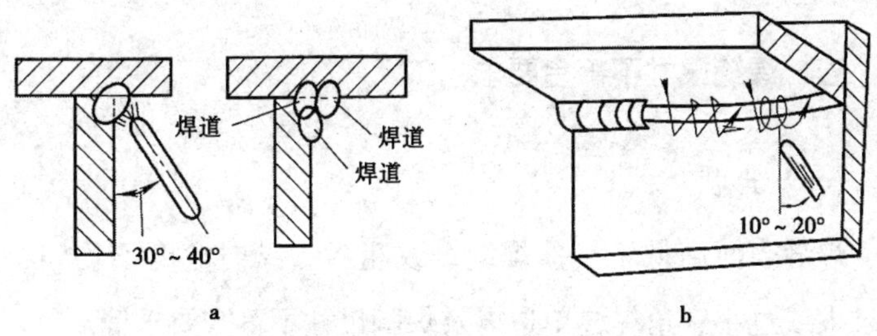

图 2-19　T 形接头仰焊的焊条角度和运条方法

a-直线形运条；b-斜圆圈形或三角形运条

第五节　焊条电弧焊焊接缺陷及防治措施

一、咬边

靠近焊趾的母材上被电弧熔化而形成凹陷或沟槽称为咬边。

（一）危害

降低接头强度及承载能力，易产生应力集中，形成裂纹等。

（二）产生原因

焊接参数选择不当、焊接电流过大、电弧过长、焊条角度不正确以及运条方法不适当等。

（三）防治措施

选择正确的焊接电流和焊接速度、电弧不能拉得太长、掌握正确的运条方法和运条角度等。

二、焊缝尺寸不符合要求

（一）形状

焊缝表面高低不平、焊缝波纹粗劣、纵向宽度不均匀、余高过大或过小、角焊缝单边以及焊脚尺寸不符合要求等。

（二）危害

造成焊缝成形不美观，影响焊缝与母材金属的结合强度，易产生应力集中，降低接头承载能力。

（三）产生原因

焊件坡口角度不对、装配间隙不均匀、焊接参数选择不合理或运条手法不正确等。

（四）防治措施

选择适当的坡口角度和间隙，提高装配质量，正确选择焊接参数和提高焊工的操作技术水平。

三、未熔合

熔焊时，焊缝与母材之间或焊缝与焊缝之间未能完全熔合的现象称为未熔合。主要产生在焊缝侧面及焊层间。

（一）危害

易产生应力集中，影响接头连续性，降低接头强度等。

（二）产生原因

层间及坡口清理不干净、焊接线能量太低、电弧指向偏斜等。

（三）防治措施

加强层间及坡口清理，正确选用焊接线能量，正确操作。

四、弧坑

焊缝收尾处产生的下陷部分称为弧坑。

（一）危害

削弱焊缝强度、易产生弧坑裂纹等。

（二）产生原因

熄弧时间过短，收尾方法不当，未能填满弧坑。

（三）防治措施

选择正确的焊接参数以及适当的熄弧时间，掌握正确的收尾方法等。

五、未焊透

焊接时，接头根部未完全熔合的现象称为未焊透。

（一）危害

易造成应力集中、产生裂纹、影响接头强度等。

（二）产生原因

坡口角度过小、间隙过小或钝边过大、焊接速度过快、焊接电流太小、电弧电压偏低、焊接时有磁偏吹现象、清根不彻底、焊条可达性不好等。

（三）防治措施

正确选择焊接参数、坡口尺寸，保证必需的装配间隙，认真操作，仔细清理层间或母材边缘的氧化物和熔渣等。

六、焊瘤

焊接过程中，熔化的金属流淌到焊缝之外未熔化的母材上所形成的金属瘤称为焊瘤，也称满溢。

（一）危害

影响焊缝美观、浪费材料、焊缝截面突变、易形成尖角、导致应力集中等。

（二）产生原因

焊件根部间隙过大、焊接电流太大、操作不正确或运条不当等。

（三）防治措施

提高操作技能、选择合适的焊接电流、提高装配质量等。

七、烧穿

焊接过程中，熔化金属从坡口背面流出，形成穿孔的现象称为烧穿。

（一）危害

减小焊缝有效截面积、降低接头承载能力等。

（二）产生原因

焊接电流过大、焊接顺序不合理、焊接速度太慢、根部间隙太大、钝边太小等。

（三）防治措施

选择合适的焊接电流和焊接速度，缩小根部间隙，提高操作技能。

八、夹渣

焊后熔渣残留在焊缝中的现象称为夹渣。

（一）危害

减小焊缝截面积，降低接头强度、冲击韧度等。

（二）产生原因

焊接电流过小、焊接速度过快、坡口设计不当、焊道熔敷顺序不当等。

（三）防治措施

正确选择焊接参数，坡口角度不能太小，认真做好多层焊时的层间清理工作等。

九、塌陷

熔化金属从焊缝背面漏出，使焊缝正面下凹、背面凸起的现象称为塌陷。

（一）危害

减小接头承载面积、降低接头强度、影响焊缝美观等。

（二）产生原因

焊接电流过大、焊接速度过低、装配间隙过大等。

（三）防治措施

选择适当的焊接电流和焊接速度，控制焊件的装配间隙等。

十、气孔

在焊接过程中，熔池中的气泡在凝固时未能逸出而残留下来，所形成的空穴称为气孔。

（一）危害

减小焊缝截面积、降低接头致密性、减小接头承载能力和疲劳强度等。

（二）产生原因

焊件清理不干净、焊条受潮、电弧偏吹以及焊接参数不合理等。

(三) 防治措施

仔细清理焊缝两侧各 10mm 处的铁锈等污物，严格烘干焊条，选择合理的焊接参数等。

第六节　焊条电弧焊安全技术

一、焊接电缆使用安全技术

连接焊机与焊钳应采用多股细铜线软电缆线，应按焊机配用电缆标准的规定选用。其长度一般不宜超过 30m。

电缆线必须是整根的，其外皮必须完整，绝缘良好，柔软，其绝缘电阻不得小于 1MΩ，当需要接长时，应使用焊接电缆接头牢固连接，连接处应保持绝缘良好。

焊机电缆线要横过马路或通道时，必须用保护套等保护措施。严禁将电缆线搭在气瓶、乙炔发生器或其他易燃物容器或材料上。

禁止利用厂房的金属结构、轨道、管道、暖气设施或其他金属物体搭接起来作为电焊导线。

禁止焊接电缆与油脂等易燃物料接触。

二、焊机使用安全技术

焊机应满足现行有关焊机标准规定的安全要求。

如果焊机空载电压高于标准规定限值，而又在有触电危险的场所作业，则焊机应采用空载自动断电装置。

焊机的工作环境应符合焊机技术说明书的规定。普通焊机不得在恶劣环境（高温、湿度过大、腐蚀性、爆炸性）中工作，否则应采取防护措施。室外使用的焊机应有防雨雪的防护措施。

应防止焊机受到碰撞或剧烈振动。

焊机应装有独立的电源开关。当焊机超负荷时，应能自动切断电源。

电源控制装置应装在焊机附近便于操作的地方，周围应留有安全通道。

焊机的一次电源线长度不宜超过3m。需架设临时电源线时，应沿墙或立柱用瓷瓶隔离布设，不得将电源线拖在地面上。

焊机裸露的带电部分必须设有防护罩。

禁止连接建筑物金属构架和设备等作为焊接电源回路。

焊机不允许超负荷使用。

应特别注意对整流式弧焊机硅整流器进行保护和冷却。

三、焊接操作中的安全技术

焊工应经过安全教育，并经考试及体检合格，持有焊接特种作业操作证书才能上岗。

焊工在操作过程中应严格执行安全操作规程。

焊接盛装过易燃、易爆及有毒物料的容器（筒、罐、箱等）、管道、设备时，应遵守《化工企业焊接与切割中的安全》的规定，采取相应安全措施，并获得本企业和消防管理部门的

动火证明后才能进行焊接。

在封闭容器、罐、筒、舱室内焊接时，应先打开施焊物的孔洞，以使内部空气流通，必要时应有专人监护。

未经安全部门批准，不得在带压或带电的容器、罐、筒、管道、设备上进行焊接。

登高焊接时，应定出危险区范围。禁止在作业处下方及危险区内存放可燃、易爆物品，禁止无关人员停留。

登高焊接时，安全措施应完善，否则不得进行操作。

四、设备的安全检查

（一）设备安全检查的必要性

焊接工作前，应检查焊机和工具是否安全可靠，这是避免触电事故及其他设备事故的非常重要的环节。

（二）焊条电弧焊施焊前设备检查的项目

（1）检查电源的一次、二次绕组绝缘情况，应检查绝缘是否可靠，接线是否正确，电网电压是否与电源的铭牌吻合。

（2）检查噪声和振动情况。

（3）检查焊接电流调节装置的可靠性。

（4）检查是否有绝缘烧损。

（5）检查是否短路，焊钳是否放在被焊工件上。

五、焊钳使用安全技术

焊钳必须有良好的绝缘性能与隔热能力，手柄要有良好的

绝缘层。

焊条处于各种方向时，焊钳应都能夹紧，并应保证更换焊条安全方便。

禁止将过热的焊钳浸在水中冷却后使用。

第三章　气焊与气割

第一节　气焊、气割的设备与工具

气焊、气割用设备主要有氧气瓶、乙炔瓶、减压器、胶管、焊炬、割炬、回火保险器等。气割所用的乙炔瓶、氧气瓶和减压器与气焊相同，其连接示意图如图 3-1 所示，了解这些设备和工具的原理，对正确而安全地使用它们具有实际指导意义。

一、氧气瓶

氧气瓶是储存和运输氧气的一种高压容器。形状和构造如图 3-2 所示，由瓶体、瓶帽、瓶阀及瓶箍等组成。其外表涂天蓝色，瓶体上用黑色涂料（黑漆）标注“氧气”两字。常用气瓶的容积为 40L，在 15MPa 的压力下，可贮存 6m^3的氧气。由于瓶内压力高，而且氧气是极活泼的助燃气体，因此必须严格按照安全操作规程使用。

一是氧气瓶严禁与油脂接触。不允许用沾有油污的手或手套去搬运或开启瓶阀，以免发生事故。

二是夏季使用氧气瓶应遮阳防暴晒，以免瓶内气体膨胀超

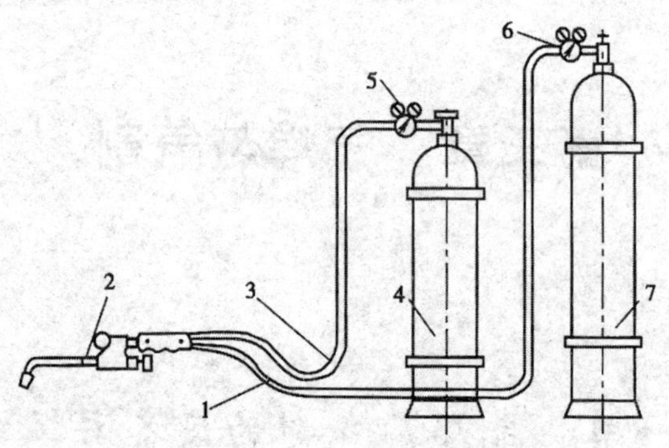

图 3-1 气焊、气割设备和工具的连接

1-氧气胶管；2-焊炬；3-乙炔胶管；4-乙炔瓶；5-乙炔减压器；6-氧气减压器；7-氧气瓶

压而爆炸。

三是氧气瓶应远离易燃易爆物品，不要靠近明火或热源，其安全距离应在 10m 以上，与乙炔瓶的距离不小于 3m。

四是氧气瓶一般应直立放置，安放要稳固，防止倾倒。取瓶帽时，只能用手或扳手旋取，禁止用铁锤等敲击。

五是冬季要防止冻结，如遇瓶阀或减压阀冻结，只能用热水或蒸汽解冻，严禁用明火直接加热。

六是氧气瓶内的氧气不应全部用完，最后要留 0.1MPa 的余压，以防其他气体进入瓶内。

七是氧气瓶运输时要检查防振胶圈是否完好，应避免互相碰撞。不能与可燃气体的气瓶、油料等同车运输。

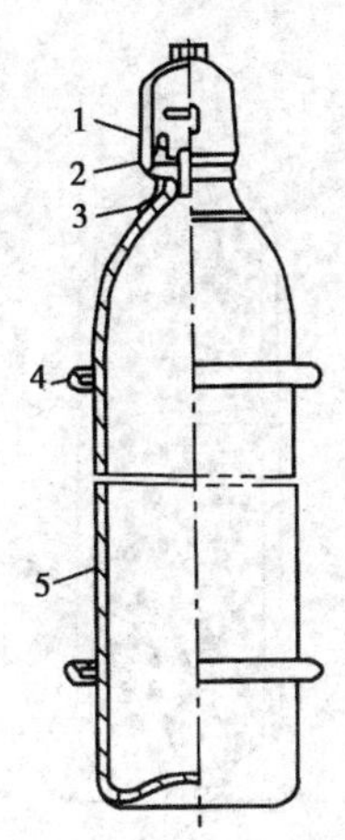

图 3-2　氧气瓶的构造

1-瓶帽；2-瓶阀；3-瓶箍；4-防振橡胶圈；5-瓶体

二、乙炔瓶

乙炔瓶是一种储存和运输乙炔的容器。其形状与构造如图3-3所示。瓶体外面涂成白色，并标注红色“乙炔”“不可近火”字样。瓶内最高压力为1.5MPa。乙炔瓶内装着浸满丙酮的固态填料，能使乙炔稳定而安全地储存在乙炔瓶内。乙炔瓶阀下面的填料中心置石棉，以使乙炔容易从多孔性填料中分解出来。使用时分解出来的乙炔通过瓶阀流出，而丙酮仍留在瓶内，以便溶解再次灌入的乙炔。

由于乙炔是易燃、易爆气体，使用中除必须遵守乙炔瓶的使用规则外，还应严格遵守以下使用规则。

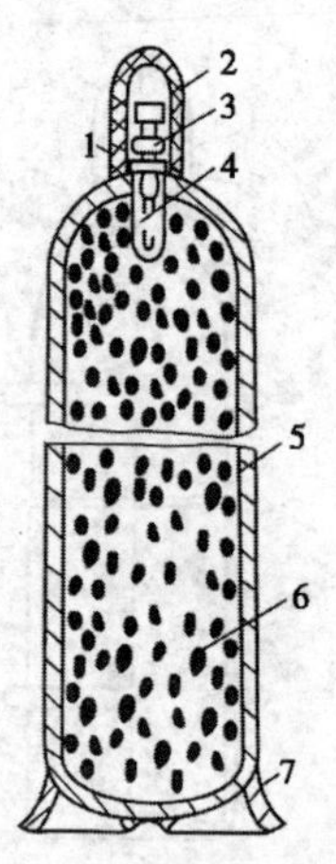

图 3-3 乙炔瓶的构造

1-瓶口；2-瓶帽；3-瓶阀；4-石棉；5-瓶体；6-多孔填料；7-瓶底

一是乙炔瓶应直立放置，不准倒卧，以防瓶内丙酮随乙炔流出而发生危险。

二是乙炔瓶体表面温度不得超过 40℃，因为温度过高会降低丙酮对乙炔的溶解度，而使瓶内的乙炔压力急剧增高。

三是乙炔瓶应避免撞击和振动，以免瓶内填料下沉而形成空洞。

四是使用前应仔细检查乙炔减压器与乙炔瓶的瓶阀连接是否可靠，应确保连接处紧密。漏气的情况下使用，否则乙炔与空气混合，极易发生爆炸事故。

五是存放乙炔瓶的地方，要求通风良好。乙炔瓶与明火之间的距离，要求在 10m 以上。

六是乙炔瓶内的乙炔不可全部用完，当高压表的读数为零，低压表的读数为0.01~0.03MPa时，应立即关闭瓶阀。

三、焊炬

焊炬也称气焊枪，它是气焊操作的主要工具。焊炬的作用是使可燃气体（乙炔等）与助燃气体（氧气）以一定比例在焊炬中混合均匀，并以一定的流速喷出燃烧而生成具有一定能量、成分和形状的稳定的焊接火焰，以进行气焊工作。因此，它在构造上应安全可靠、尺寸小、质量轻、调节方便。

四、割炬

（一）割炬的作用及分类

割炬是气割工作的主要工具。它的作用是将可燃气体与氧气以一定的比例和方式混合后，形成具有一定热量和形状的预热火焰，并在预热火焰的中心喷射出氧气进行气割。

割炬按用途不同可分为普通割炬、重型割炬、焊割两用炬等。按可燃气体进入混合室的方式不同，可分为射吸式割炬和等压式割炬两种。目前常用的是射吸式割炬。

（二）射吸式割炬的工作原理及构造

（1）工作原理气割时，先开启预热氧气调节阀，再打开乙炔调节阀，使氧气与乙炔混合后，从割嘴喷出并立即点火。待割件预热至燃点时，即开启切割氧气调节阀。此时高速切割氧气流由割嘴的中心孔喷出，将割缝处的金属氧化并吹除。随着割炬的不断移动即在割件上形成割缝，如图3-4所示。

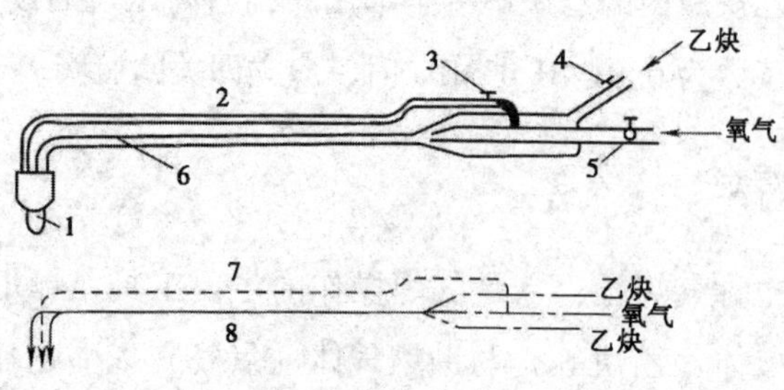

图 3-4 射吸式割炬工作原理

1-割嘴；2-切割氧通道；3-切割氧开关；4-乙炔调节阀；5-氧气调节阀；6-混合气体通道；7-高压氧；8-混合气体

（2）构造这种割炬的结构是以射吸式焊炬为基础，割炬的结构可分为两部分：一部分为预热部分，其构造与射吸式焊炬相同；另一部分为切割部分，它是由切割氧调节阀、切割氧通道以及割嘴等组成。射吸式割炬的构造如图 3-5 所示。

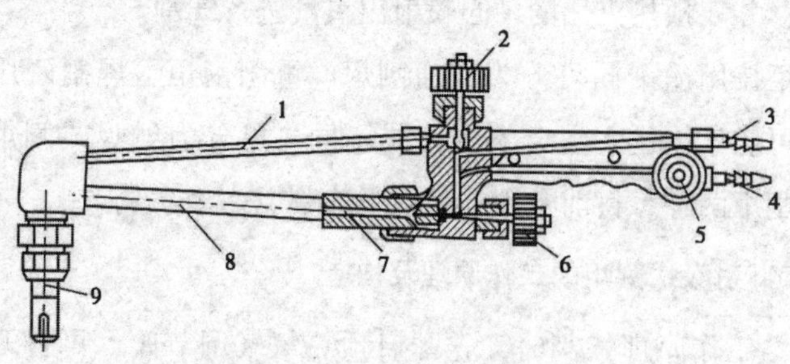

图 3-5 射吸式割炬的构造

1-切割氧气管；2-切割氧气阀；3-氧气管；4-乙炔管；5-乙炔调节阀；6-氧气调节阀；7-射吸管；8-混合气管；9-割嘴

割嘴的构造与焊嘴不同，如图 3-6 所示。焊嘴上的喷射孔是小圆孔，所以气焊火焰呈圆锥形；而割嘴上的混合气体喷射孔是环形或梅花形的，因此作为气割预热火焰的外形呈环状分布。

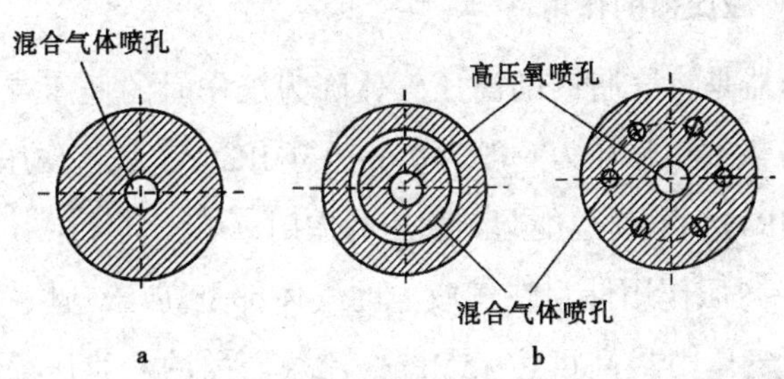

图 3-6　割嘴与焊嘴的截面比较

a-焊嘴；b-割嘴

（三）割炬的使用

由于割炬的构造、工作原理以及使用方法基本上与焊炬相同，所以焊炬使用的注意事项都完全适用于割炬。此外在使用割炬时还应特别注意下列几点。

（1）由于割炬内通有高压氧气，因此，必须特别注意割炬各个部分以及各处接头的紧密性，以免漏气。

（2）切割时，飞溅出来的金属微粒与熔渣微粒很多，割嘴的喷孔很容易被堵塞，因此，应该经常用通针疏通，以免发生回火。

（3）在装配割嘴时，必须使内嘴与外嘴严格保持同心，这样才能保证切割用的纯氧射流位于环形预热火焰的中心。

（4）内嘴必须与高压氧通道紧密连接，以免高压氧漏入环形通道而把预热火焰吹熄。

五、减压器

（一）减压器的作用

减压器是将气瓶内的高压气体降为工作时的低压气体的调节装置（氧气工作压力一般为0.1~0.4MPa，乙炔工作压力不超过0.15MPa），同时也能起到稳压的作用。

（1）减压作用储存在气瓶内的气体都是高压气体，如氧气瓶内的氧气压力最高可达15MPa，乙炔瓶内的乙炔压力最高达1.5MPa；而气焊、气割工作中所需的气体工作压力一般都是比较低的，氧气的工作压力要求为0.1~0.4MPa，乙炔的工作压力则更低，最高也不会大于0.15MPa。因此在气焊、气割工作中必须使用减压器，气体经减压后才能输送给焊炬或割炬供使用。

（2）稳压作用气瓶内气体的压力是随着气体的消耗而逐渐下降的，也就是说在气焊、气割工作中气瓶内的气体压力是时刻变化着的。但是在气焊、气割工作中所要求的气体工作压力必须是稳定不变的。减压器还具有稳定气体工作压力的作用，使气体工作压力不随气瓶内气体压力的下降而下降。

（二）减压器的分类

减压器按用途不同可分为集中式和岗位式两类，按构造不同可分为单级式和双级式两类，按工作原理不同又可分为正作用式和反作用式两类，减压器按使用气体不同可分为氧气减压器和乙炔减压器。目前常用的是单级反作用式减压器。

(三) 减压器的使用

(1) 安装减压器之前，要稍微打开氧气瓶阀门，吹去污物，以防灰尘和水分带入减压器。氧气瓶阀开启时，出气口不能对着人体。减压器出气口与氧气胶管接头处必须用铜丝、铁丝或夹头紧固，防止送气后胶管脱开伤人。

(2) 应先检查减压器的调节螺钉是否松开，只有在松开状态下方可打开氧气瓶阀门。打开氧气瓶阀门时要慢慢开启，不要用力过猛，以防气体冲击损坏减压器及压力表。

(3) 减压器不得附有油脂。如有油脂，应擦洗干净后再使用。

(4) 减压器冻结时，可用热水或蒸汽解冻，不许用火烤。冬天使用时，可在适当距离安装红外线灯加温减压器，以防结冰。

(5) 用于氧气的减压器应涂蓝色，乙炔减压器应涂白色，不得互换使用。

(6) 减压器停止使用时，必须把调节螺钉旋松，并把减压器内的气体全部放掉，直到低压表的指针指向零值为止。

六、回火及回火保险器

(一) 回火

(1) 回火的种类在气焊、气割工作中有时会发生气体火焰进入喷嘴内逆向燃烧的现象，称为回火。回火有逆火和回烧两种。

①逆火。火焰向喷嘴孔逆行，同时伴有爆鸣声的现象，也

称爆鸣回火。

②回烧。火焰向喷嘴孔逆行，并继续向混合室和气体管路燃烧的现象，这种回火可能烧毁焊（割）炬、管路及引起可燃气体储罐的爆炸，也称倒袭回火。

（2）回火的原因发生回火的根本原因是混合气体从焊炬喷射孔的喷出速度小于混合气体燃烧的速度。

混合气体的燃烧速度一般是不变的，如果由于某些原因使气体的喷射速度降低时，就有可能发生回火现象。影响混合气体喷射速度的原因有以下几点。

①输送气体的软管太长、太细，或者曲折太多，这样使气体在管内流动的阻力变大，从而降低了气体的流速。

②焊割时间太长或者割嘴太靠近焊（割）件，使焊（割）嘴温度升高，焊割炬内的气体压力也增高，从而增大了混合气体流动的阻力，降低了气体的流速。

③焊割嘴端面粘附了许多飞溅出来的熔化金属微粒，堵塞了喷射孔，使混合气体不能通畅地流出。

④输送气体的软管内壁粘附了杂质颗粒，增大了混合气体流动的阻力，降低了气体的流速。

⑤气体管道内存在着氧乙炔的混合气体。

（二）回火保险器

为了防止回火的发生，必须在乙炔软管和乙炔瓶之间装置专门的防止回火的设备——回火保险器。

回火保险器的作用主要有两个：一是把倒流的火焰与乙炔瓶隔绝开来；二是在回烧发生时立即将乙炔的来源断绝，残留

在回火保险器内的乙炔烧完后，倒流的火焰即自行熄灭。

（三）回火现象的处理

一旦发生回火，应迅速关闭乙炔调节阀门和氧气调节阀门，切断乙炔和氧气的来源。当回火火焰熄灭后，再打开氧气阀门，将残留在焊割炬内的余焰和烟灰彻底吹除，重新点燃火焰继续进行工作。若工作时间很长，焊割炬过热可放入水中冷却，清除喷嘴上的飞溅物后，再重新使用。

七、辅助工具

（一）橡胶软管

氧气瓶和乙炔发生器（或溶解乙炔瓶）中的气体需用橡胶软管输送到焊炬（或割炬）中，按有关规定：氧气软管为红色，乙炔软管为绿色或黑色。一般氧气软管内径为 8mm，允许工作压力为 1.5MPa；乙炔软管内径为 10mm，允许工作压力为 0.5MPa。连接焊炬和割炬的软管长度一般为 10～15m，橡胶软管禁止油污及漏气，并严禁互换使用。

（二）软管接头

焊炬和割炬用软管接头由螺纹管、螺母及软管组成，其结构如图 3-7 所示。内径为 5mm 的胶管所用的氧气软管接头，其螺纹尺寸为 M16×1.5mm，内径为 10mm 的燃气软管接头，螺纹尺寸为 M18×1.5mm。软管接头可分为普通型（A 型）与快速接头（B 型）两种。

（三）护目镜

气焊时，焊工应戴护目镜进行操作，主要是保护焊工的眼

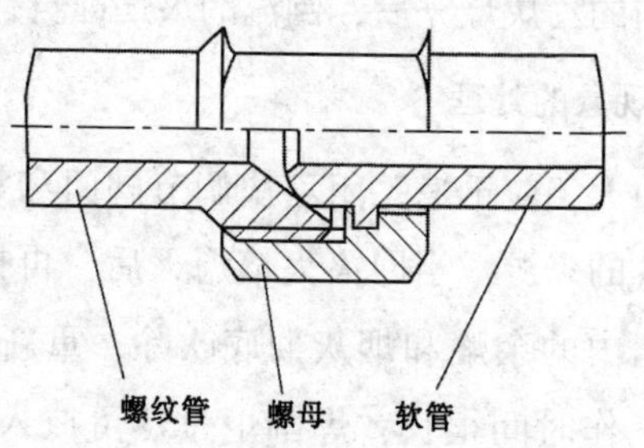

图 3-7 软管接头结构

睛不受火焰亮光的刺激，防止飞溅金属微粒溅入眼睛内。护目镜片的颜色和深浅应根据焊工的视力、焊枪的大小和被焊材料的性质选用，一般宜用 3~7 号黄绿色镜片。

(四) 点火枪

点火枪是气焊与气割时的点火工具，采用手枪式点火枪最为安全。

辅助工具除上述几种外，还有清理焊缝用的工具如钢丝刷、錾子、锤子、锉刀等，连接和启闭气体通路的工具如钢丝钳、活扳手、铁丝等。此外每个焊工都应备有粗细不等的三棱式钢质通针一套，用于清除堵塞焊嘴或割嘴的脏物。

第二节 气焊、气割工艺

一、气焊操作

(一) 气焊火焰的点燃、调节和熄灭

(1) 焊炬的握法将拇指位于乙炔阀门处，食指位于氧气阀门处，其余三指握住焊炬柄。

（2）火焰的点燃先微微打开氧气阀门放出少量氧气，再微开乙炔阀门放出少量乙炔，然后用打火枪从喷嘴的后侧靠近点燃火焰。

（3）火焰的调节点燃火焰后，再将乙炔流量适当调大，同时再将氧气流量适当调大；此时观察火焰情况，如火焰有明显的内焰，颜色较红时，为碳化焰，可适当加大氧气流量；如火焰无内焰并发出嘶嘶声时，为氧化焰，可适当减小氧气流量；如火焰的内焰较短并有轻微闪动时，为中性焰。可根据各种火焰不同的情况进行调节。

（4）火焰的熄灭当需要将火焰熄灭时，应先将乙炔阀门关闭，再将氧气阀门关闭。在点火时，如果出现连续的“放炮”声，说明乙炔不纯，先放出不纯的乙炔，然后重新点火；如出现不易点燃的现象，可能是氧气太多，将氧气的量适当减少后再点火。此外，在操作中不要将阀门关得过紧，以防止磨损过快而降低焊炬的使用寿命。

（二）气焊方向

气焊操作分为左向焊法与右向焊法两种。

（三）焊炬和焊丝的摆动

在焊接过程中，为了获得优质美观的焊缝，焊炬与焊丝应做均匀协调的摆动。通过摆动使焊件金属熔透均匀，并避免焊缝金属过热或过烧。在焊接某些有色金属时，要不断地用焊丝搅动金属熔池，以利于熔池中各种氧化物及有害气体的排出。

气焊时焊炬有两种动作，即沿焊接方向的移动和垂直于焊缝的横向摆动。对于焊丝，除了与焊炬同样的两种动作外，由于焊丝的不断熔化，还必须有向熔池的送进动作，并且焊丝末端应均匀协调地上、下跳动，否则会造成焊缝高低不平、宽窄不匀的现象。焊炬与焊丝的摆动方法和工件厚度、性质、空间位置及焊缝尺寸等有关，常见的几种摆动方法如图 3-8 所示。

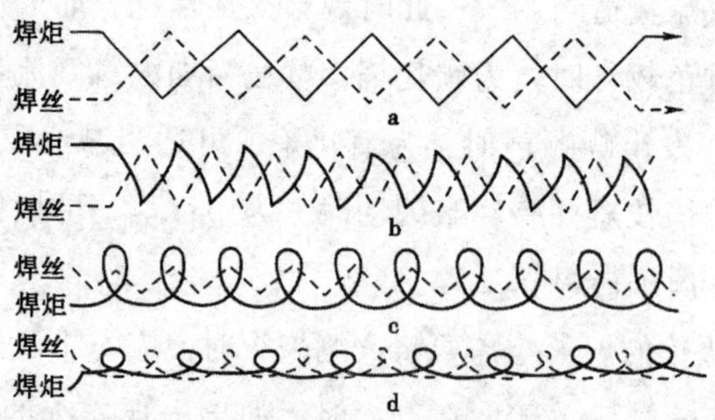

图 3-8　焊炬和焊丝的摆动方法

a-右摆法；b-，c-，d-左摆法

（四）气焊操作

（1）点火。点火前，先开氧气阀门，再微开乙炔阀门，用点火枪或火柴点火。正常情况下应采用专用的打火枪点火。在无打火枪的条件下，也可用火柴来点火，但须注意操作者的安全，不要被喷射出的火焰烧伤。开始为碳化焰，此时应逐渐加大氧气流量，将火焰调节为中性焰或者略微带氧化性质的火焰。

（2）焊道的起头自焊件右端开始加热焊件，火焰指向待焊部位，焊丝的端部置于火焰的前下方，距焰心 3mm 左右，如图 3-9 所示。开始加热时，注意观察熔池的形成，而且焊丝端部应稍加预热，待熔池形成时，便可熔化焊丝，将焊丝熔滴滴入

熔池，而后将焊丝抬起，形成新的熔池。

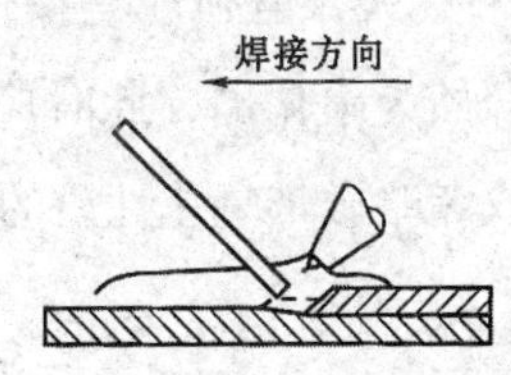

图 3-9　焊炬与焊丝端头的位置

（3）焊炬和焊丝的运动在焊接过程中，焊炬和焊丝应作出均匀和谐的摆动，要既能将焊缝边缘良好熔透，又能控制好液体金属的流动，使焊缝成形良好，同时还要保证焊件不至于过热。焊炬和焊丝要做沿焊接方向的移动、垂直于焊缝方向的横向摆动，焊丝还有垂直向熔池送进三个方向的运动。

（4）焊道的接头在焊接过程中，当中途停顿后继续施焊时，应将火焰把原熔池重新加热熔化形成新的熔池之后再加焊丝，重新开始焊接，每次焊道与前焊道重叠 5～10mm，重叠部分要少加焊丝或不加焊丝。

（5）焊道的收尾当焊接接近焊件终点时，先减小焊炬与焊件的夹角，同时要增大焊接速度和加丝量，焊至终点处，在终点时先填满熔池，再将焊丝移开，用外焰保护熔池 2～3s，再将火焰移开。

二、气割操作

（一）点火

点火前，先开乙炔阀门，再微开氧气阀门，用点火枪或火柴点火。正常情况下应采用专用的打火枪点火。在无打火枪的条件下，也可用火柴来点火，但须注意操作者的安全，不要被喷射出的火焰烧伤。开始为碳化焰，此时应逐渐加大氧气流量，将火焰调节为中性焰或者略微带氧化性质的火焰。

（二）操作姿势

双脚成“八”字形蹲在割件一旁，右手握住割炬手柄，同时用拇指和食指握住预热氧的阀门，右臂靠右膝盖，左臂悬空在两脚中间，左手的拇指和食指控制切割氧的阀门，其余手指平稳地托住混合管，左手同时起把握方向的作用。上身不要弯得太低，呼吸要有节奏，眼睛注视割件和割嘴，切割时注意观察割线，注意呼吸要均匀、有节奏。

气割时，先点燃割炬，调整好预热火焰，然后进行气割。气割操作姿势因个人习惯而不同。初学者可按基本的“抱切法”练习，如图 3–10 所示。气割时的手势如图 3–11 所示。

图 3–10　抱切法姿势

（三）正常气割

正常切割过程起割后，即进入正常的气割阶段。整个过程

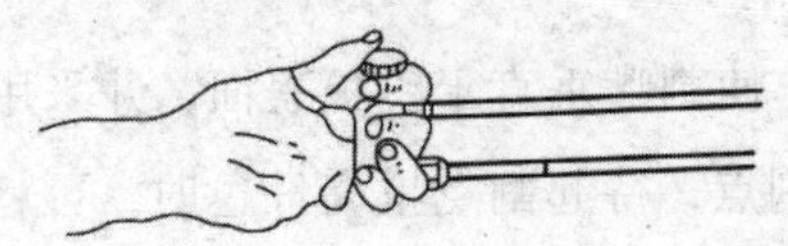

图 3–11　气割时的手势

中要做到以下几点。

（1）割炬移动的速度要均匀，割嘴到割件表面的距离应保持一定。

（2）若切口较长，气割者的身体要更换位置时，应先关闭切割氧阀门，移动身体，再对准切口的切割处重新预热起割。

（3）在气割过程中，有时会由于各种原因而出现爆鸣和回火现象，此时应迅速关闭切割氧调节阀门，火焰会自动在割嘴外正常燃烧；如果在关闭阀门后仍然听到割炬内还有嘶嘶的响声，说明火焰没有熄灭，应迅速关闭乙炔阀门。

（4）气割结束时，应迅速关闭切割氧阀门，再相继关闭乙炔阀门和预热氧阀门，再将割嘴从割件上移开。

三、钢板的气割开孔

1. 水平气割开孔

（1）水平气割开孔的操作要点。

①气割开孔时，起割点应选择在不影响割件使用的部位。

②在厚度大于 30mm 的钢板上开孔时，为减少预热时间，可用錾子将起割点铲毛，或在起割点用焊条电弧焊焊出一

凸台。

③起割前，使割嘴垂直于钢板表面，并采用较大能率的预热火焰加热起割点，待起割点呈亮红色时，可将割嘴向切割方向倾斜，与割件表面成20°左右夹角，然后慢慢开启切割氧调节阀。随着开孔深度的增加，割嘴倾角应不断减小，直至与钢板垂直。起割孔被割穿之后，即可慢慢移动割炬沿切割线切割。水平气割开孔操作如图3-12所示。

④若一次未能将割件割穿，可将割件翻转，在对着正面起割孔的位置继续进行气割。

⑤气割开孔时，应选用比直线切割相同厚度钢板大一号的割嘴，并适当增大预热火焰能率和切割氧压力。

⑥厚板气割开孔时，应采用挡板防护，以防止飞溅的熔渣伤人。

（2）“8”字形孔的水平气割。在厚60mm的钢板上，水平气割直径为100mm和150mm的“8”字形孔，如图3-13所示。

①用錾子将起割点铲毛。

②选用G01-100型割炬，3号割嘴，切割氧压力为0.80MPa。

③先用轻微氧化焰对起割点进行预热，待钢板表面发蓝时，可将预热焰调成中性焰，继续预热起割点。待起割点呈亮红色时，即可缓慢开启切割氧调节阀，按水平气割开孔的操作方法将钢板割穿。先从起割点开始切割小圆，然后再从连接点开始切割大圆。

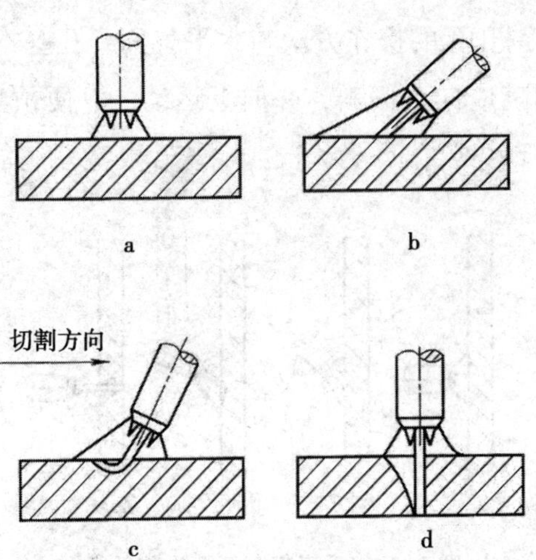

图 3-12　水平气割开孔操作示意图

a-预热；b-起割；c-开孔；d-割穿

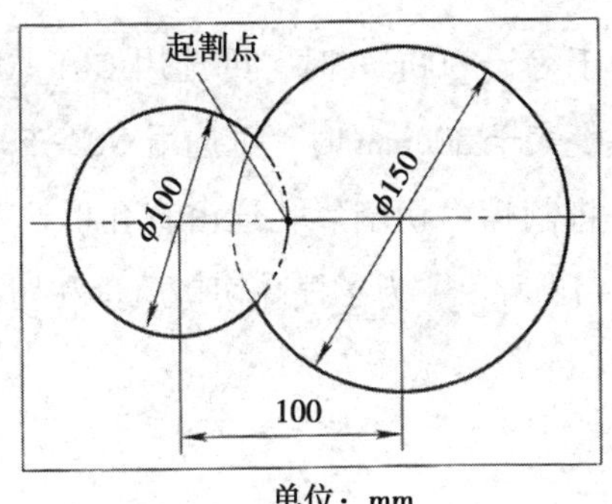

单位：mm

图 3-13　“8”字形孔的水平气割

2. 垂直气割开孔

垂直气割开孔的操作方法与水平气割开孔基本相同，只是在操作时割嘴应向上倾斜，并向上运动，以便预热待割部分，如图 3-14 所示。

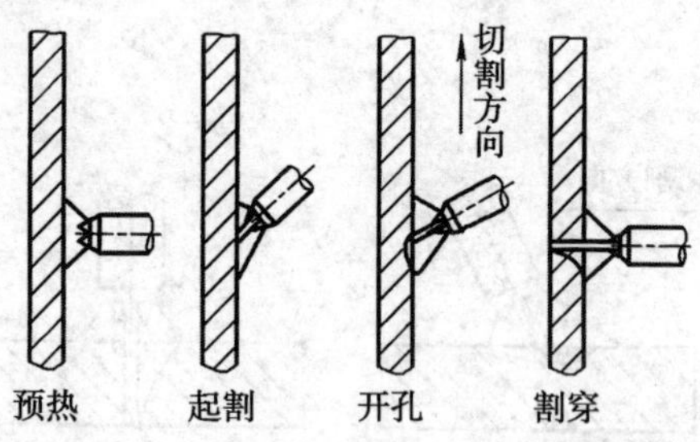

图 3-14　垂直气割开孔操作示意图

四、厚钢板的气割

1. 割炬的选择

割件厚度小于等于 300mm 时，可选用 G01-100、G01-300 型割炬；割件厚度大于 300mm 时，可选用 G02-500 型割炬。割嘴可进行改进，将割嘴内切割氧孔道由直孔形改为缩放形。割嘴的改进如图 3-15 所示。为了提高切口质量和切割效率，可采用超音速割嘴。

2. 气体的供应

厚板切割时，氧气和乙炔消耗量比较大。为了保证气体的供应，最好采用氧气站和乙炔站通过管道供气；或者由氧气汇流排供给氧气，由乙炔瓶供给乙炔气。

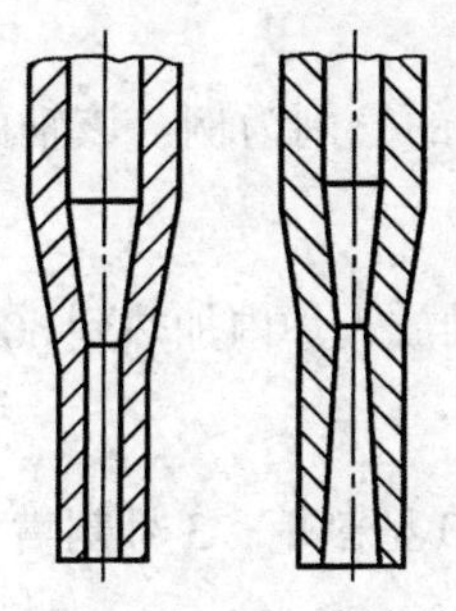

图 3–15　割嘴的改进

3. 气割操作

（1）起割时，预热火焰能率要大些，对割件进行垂直预热，起割处在整个厚度方向上的受热要均匀，保证起割时割透。

（2）开始起割时，必须将起割处完全割透，方可进入正常切割。

（3）气割过程中，割嘴应始终保持与割件表面垂直，割嘴沿切割方向垂直于割件表面切割，也可稍向切割方向倾斜3°~5°。

（4）切割时，切割速度应均匀一致，尽量减小后拖量，割嘴可作月牙形横向摆动，摆动幅度根据板厚控制为10~15mm。

（5）气割过程中，若发现割不透现象，应立即停止切割。重新切割时，应从割件的另一端起割。

（6）气割结束时，应适当地减慢切割速度，待切口完全割断后再关闭切割氧气。

4. 气割实例

以曲轴“II”形口的气割为例，该轴的材料为 45 钢，板厚为 200mm。操作要点如下。

（1）割前先将曲轴放入炉内加热到 600℃，达红热程度，保温 8h。

（2）选用 G01-300 型割炬，3 号割嘴，切割氧压力 1MPa。

（3）预热后将曲轴“II”形口处垫平。

（4）分 3 次切割，如图 3-16 所示。

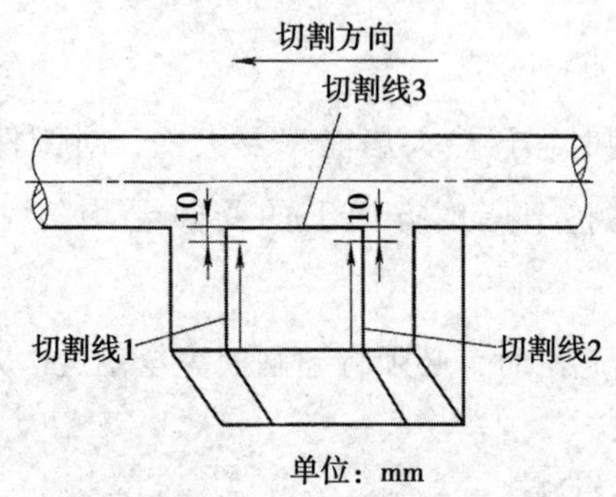

图 3-16　曲轴“II”形口气割操作示意图

先沿切割线 1 切割，割到距末端 10mm 时，应放慢切割速度，待完全割穿后立即关闭切割氧调节阀，停止气割。

用同样方法再沿切割线 2 切割，最后沿切割线 3 切割。切割时，割嘴与割件表面应始终保持垂直，可以作小幅度的横向摆动。

（5）割后将曲轴再放入炉中保温，并随炉缓冷，以防止产生裂纹。

第三节　气焊、气割安全技术

一、气焊、气割操作中的安全事故及防护措施

由于气焊、气割使用了易燃、易爆气体及各种气瓶，而且又是明火操作，因此，在气焊、气割过程中存在很多不安全因素，如果不小心就会造成安全事故。因此，在操作中必须遵守安全规程，且采取有效的防护措施。

（一）爆炸事故及其防护措施

（1）气瓶温度过高引起爆炸。气瓶内的压力与温度有密切关系，随着温度的上升，气瓶内的压力也将上升，当压力超过气瓶耐压极限时就将发生爆炸。因此，严禁暴晒气瓶，气瓶的放置应远离热源，以避免温度升高引起爆炸。

（2）气瓶受到剧烈振动引起爆炸。气瓶搬运时要注意防止磕碰和剧烈颠簸。

（3）可燃气体与空气或氧气混合比例不当，形成具有爆炸性的预混气体。所以，要按照规定严格控制气体的混合比例。

（4）氧气与油脂类物质接触引起爆炸。所以，要隔绝油脂类物质与氧气接触。

（二）火灾及其防护措施

由于气焊、气割是明火操作，特别是气割过程中产生大量飞溅的氧化物熔渣，火花和高温熔渣遇到可燃、易燃物质时，就会引起火灾，威胁国家财产和焊工人身安全，造成重大危害。

为防止焊割作业发生火灾事故，必须采取以下防止措施。

（1）焊工在焊接、切割中应严格遵守企业规定的防火安全管理制度。在企业规定的禁火区内不准焊接，需要焊接时，必须把工件移到指定的动火区内或在安全区进行。如必须在禁火区内进行焊割作业时，必须报经有关部门批准，办理动火证，采取可靠的防护措施后，方可动火作业。

（2）焊接作业的可燃、易燃物料与焊接作业点火源的距离不应小于 10 m。

（3）焊接、切割作业时，如附近墙体和地面上留有孔洞、缝隙或运输带连通孔等部位留有孔洞，都应采取封闭或屏蔽措施。

（4）焊接、切割工作地点有以下情况时禁止作业。

①堆存大量易燃物料（如漆料、棉花、硫酸、干草等），而又不可能采取防护措施。

②可能形成易燃、易爆蒸气或积聚爆炸性粉尘。

（5）五六级以上大风又无防护措施时，禁止露天焊割作业。

（6）在易燃、易爆环境中焊接、切割时，应按化工企业焊接、切割安全专业标准有关的规定执行。

（7）焊接、切割车间或工作地区必须配有足够的水源、干砂、灭火工具和灭火器材。应根据扑救物料的燃烧性能，合理选用灭火器材，灭火器材应经过检验证实是合格的、有效的。

（8）焊接、切割工作完毕应及时清理现场，彻底消除火灾隐患，经专人检查确认后方可离开现场。

（三）烧伤、烫伤及其防护措施

（1）因焊炬、割炬漏气而造成烧伤。

（2）因焊炬、割炬无射吸能力发生回火而造成烧伤。

（3）气焊、气割中产生的火花和各种金属飞溅物及熔渣，尤其是全位置焊接与切割还会出现熔滴下淌现象，更容易造成烫伤。

因此，焊工要穿戴好防护用具，控制好焊接、切割的速度，减少飞溅和熔滴下淌。

（四）有害气体中毒及其防护措施

气焊、气割中会遇到各种不同的有害气体和烟尘。例如，铅的蒸发引起铅中毒、焊接黄铜产生的锌蒸发引起锌中毒等。某些焊剂中的有毒元素，如有色金属焊剂中含有的氯化物和氟化物，在焊接过程中会产生氯盐和氟盐的燃烧产物，将引起焊工急性中毒。另外，乙炔和液化石油气中均含有一定量的硫化氢、磷化氢，也都能引起中毒。所以，气焊、气割过程中必须加强通风。

总之，气焊、气割过程中的安全事故会造成严重危害。因此，焊工必须掌握安全操作技术，严格遵守相关安全操作规程，确保生产的安全。

二、气焊、气割的主要安全操作规程

一是所有独立从事气焊、气割作业的人员必须经劳动安全部门或指定部门培训，经考试合格后持证上岗。

二是气焊、气割作业人员在作业中应严格按照各种设备及

工具的安全使用规程操作设备和使用工具。

三是所有气路、容器和接头的检漏应使用肥皂水，严禁用明火检漏。

四是工作前应将工作服、手套及工作鞋、护目镜等穿戴整齐。各种防护用品均应符合国家有关标准的规定。

五是各种气瓶均应竖立稳固或装在专用的胶轮车上使用。

六是气焊、气割作业人员应备有开启各种气瓶的专用扳手。

七是禁止使用各种气瓶作为登高支架或支撑重物的衬垫。

八是焊接与切割前应检查工作场地周围的环境，不要靠近易燃、易爆物品。如果有易燃、易爆物品，应将其移至 5m 以外。要注意在熔渣飞溅方向上是否有他人在工作，要安排其避开后再进行操作。

九是焊接或切割盛装过易燃、易爆物料（如油料、漆料、有机溶剂、油脂等）、强氧化物或有毒物料的各种容器（桶、罐、箱等），必须遵守《化工企业焊接与切割中的安全》的有关规定，采取安全措施，并且应获得本企业和消防管理部门的动火证明后才能进行作业。

十是在狭窄和通风不良的地沟、坑道、检查井、管段等半封闭场所进行气焊、气割作业时，应在地面调节好焊炬、割炬混合气体，并点燃火焰，再进入焊、割场所。焊炬、割炬应随人进出，严禁留在工作地点。

十一是在密闭容器、罐、舱室中进行气焊、气割作业时，应先打开施工处的孔、洞、窗，使内部空气流通，防止焊工中毒或烫伤。必要时要有专人监护。工作完毕或暂停时，焊炬、

割炬及胶管必须随人进出，严禁留在工作地点。

十二是禁止在带压或带电的容器、罐、柜、管道、设备上进行焊接和切割作业。在特殊情况下必须进行上述操作时，应向上级安全主管部门申请，经批准并做好安全防护措施后方可进行操作。

第四章 熔化极气体保护焊

熔化极气体保护焊适用于焊接大多数金属和合金，最适于焊接碳钢和低合金钢、不锈钢、耐热合金、铝及铝合金、铜及铜合金、镁及镁合金。其中，镁、铝及其合金、不锈钢等，通常只能用这类方法才能较经济地焊出令人满意的焊缝。

第一节 CO_2 气体保护焊工艺

一、CO_2 气体保护焊焊枪操作要点

（一）持枪姿势

半自动 CO_2 焊接时，焊枪上接有焊接电缆、控制电缆、气管、水管及送丝软管等，焊枪的重量较大，操作者操作时很容易疲劳，而使操作者很难握紧焊枪，影响焊接质量。因此，应该尽量减轻焊枪把线的重量，并利用肩部、腿部等身体的可利用部位，减轻手臂的负荷，使手臂处于自然状态，手腕能够灵活带动焊枪移动。正确的持枪姿势如图 4-1 所示，若操作不熟练时，最好双手持枪。

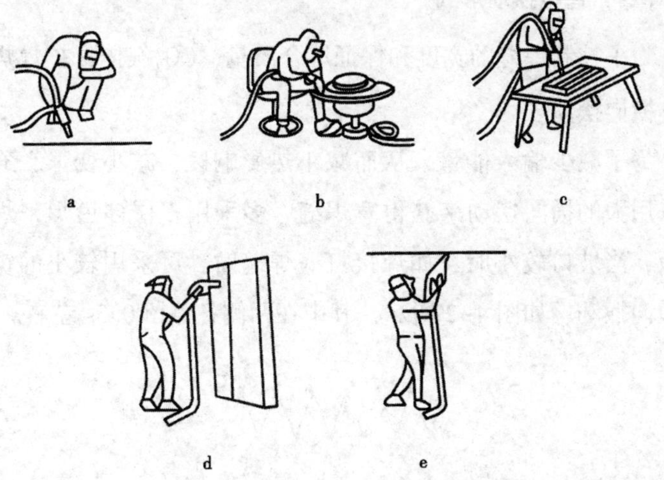

图 4-1　正确的持枪姿势

a-蹲位平焊；b-坐位平焊；c-立位平焊；d-站位立焊；e-站位仰焊

（二）焊枪与工件的相对位置

在焊接过程中，应保持一定的焊枪角度和喷嘴到工件的距离，并能清楚地观察熔池。同时还要注意焊枪移动的速度要均匀，焊枪要对准坡口的中心线等。通常情况下，操作者可根据焊接电流的大小、熔池形状、装配情况等适当调整焊枪的角度和移动速度。

（三）送丝机与焊枪的配合

送丝机要放在合适的位置，保证焊枪能在需要焊接的范围内自由移动。焊接过程中，软管电缆最小曲率半径要大于30mm，以便焊接时可随意拖动焊枪。

(四) 焊枪摆动形式

为了控制焊缝的宽度和保证熔合质量，CO_2气体保护焊焊枪要作横向摆动。

为了减少输入能量，从而减小热影响区，减小变形，通常不采用大的横向摆动来获得宽焊缝，多采用多层多道焊来焊接厚板，当坡口较小时，如焊接打底焊缝时，可采用较小的锯齿形横向摆动，如图 4-2 所示，其中在两侧各停留 0.5s 左右。

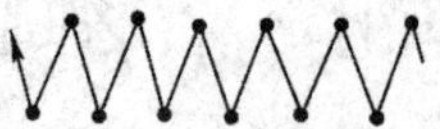

图 4-2　锯齿形的横向摆动

当坡口较大时，可采用弯月形的横向摆动，如图 4-3 所示，两侧同样停留 0.5s 左右。

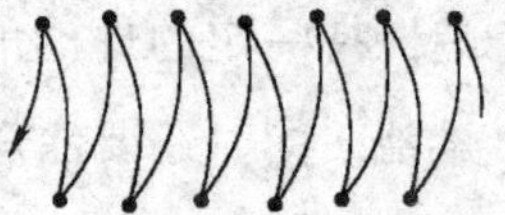

图 4-3　弯月形的横向摆动

二、CO_2气体保护焊引弧操作要点

CO_2气体保护焊的引弧不采用划擦式引弧，主要是碰撞引弧，但引弧时不必抬起焊枪。具体操作步骤如下。

一是引弧前先按遥控盒上的点动开关或按焊枪上的控制开关，点动送出一段焊丝，焊丝伸出长度小于喷嘴与工件间应保

持的距离，超长部分应剪去，若焊丝的端部出现球状时，必须剪去，否则引弧困难。

二是将焊枪按要求放在引弧处，注意此时焊丝端部与工件未接触，喷嘴高度由焊接电流决定，如图 4-4 所示。

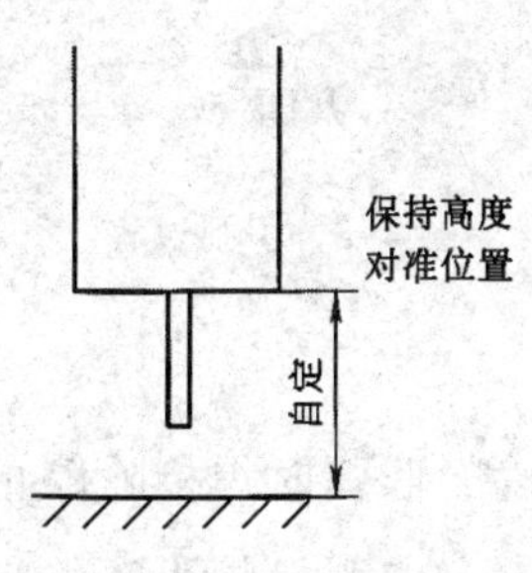

图 4-4　准备引弧

三是按焊枪上的控制开关，焊机自动提前送气，延时接通电源，并保持高电压、慢送丝，当焊丝碰撞工件短路后自动引燃电弧。短路时，焊枪有自动顶起的倾向，故引弧时要稍用力向下压焊枪，保证喷嘴与工件间距离，防止因焊枪抬起太高导致电弧熄灭，如图 4-5 所示。

三、CO_2气体保护焊收弧操作要点

CO_2气体保护焊在收弧时与焊条电弧焊不同，不要像焊条电弧焊那样习惯地把焊枪抬起，这样会破坏对熔池的有效保护，容易产生气孔等缺欠。正确的操作方法是在焊接结束时，松开焊枪开关，保持焊枪到工件的距离不变，一般CO_2气体保护焊有弧坑控制电路，此时焊接电流与电弧电压自动变小，待弧坑填

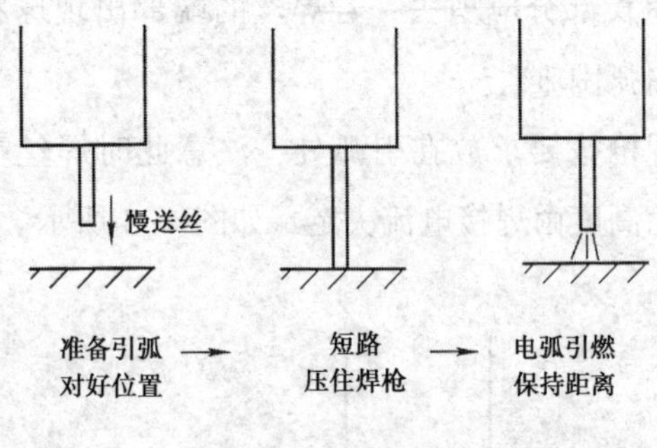

图 4-5 引弧过程

满后，电弧熄灭。

操作时需特别注意，收弧时焊枪除停止前进外，不能抬高喷嘴，即使弧坑已填满，电弧已熄灭，也要让焊枪在弧坑处停留几秒钟后才能移开。因为灭弧后，控制线路仍保证延迟送气一段时间，以保证熔池凝固时能得到可靠的保护，若收弧时抬高焊枪，则容易因保护不良产生焊接缺欠。

四、CO_2气体保护焊操作要点

CO_2气体保护焊薄板对接一般都采用短路过渡，随着工件厚度的增大，大都采用颗粒过渡，这时熔深较大，可以提高单道焊的厚度或减小坡口尺寸。

（一）焊接方向

一般情况下采用左焊法，其特点是易观察焊接方向，熔池在电弧的作用下熔化，金属被吹向前方，使电弧不作用在母材上，熔深较浅，焊缝平坦且较宽，飞溅较大，保护效果好，如图 4-6 所示。

在要求焊缝有较大熔深和较小飞溅时采用右焊法，但不易得到稳定的焊缝，焊缝高而窄，易烧穿，如图 4-7 所示。

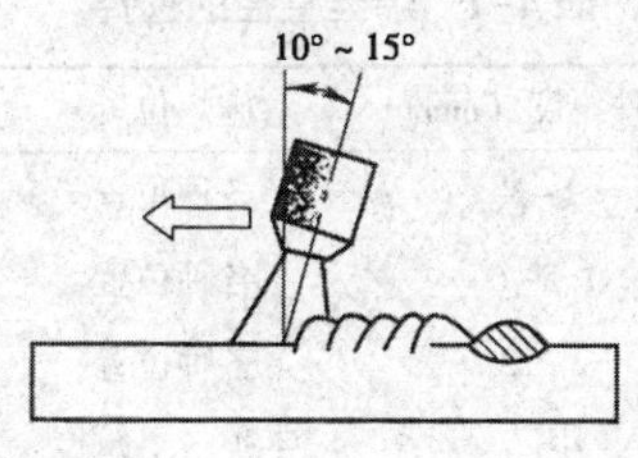

图 4-6　左焊法

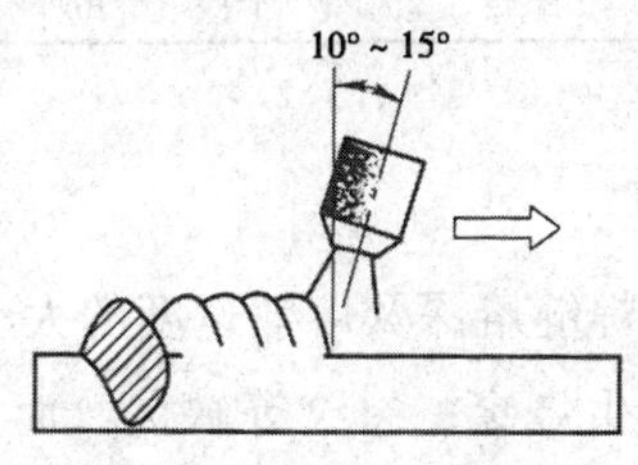

图 4-7　右焊法

（二）焊丝直径

焊丝直径对焊缝熔深及熔敷速度有较大影响，当电流相同时，随着焊丝直径的减小，焊缝熔深增大，熔敷速度也增大。

实芯焊丝的 CO_2 气体保护焊丝直径的范围较窄，一般在 0. 4~5mm，半自动焊多采用直径 0. 4~1. 6mm 的焊丝，而自动焊常采用较粗的焊丝。焊丝直径应根据工件厚度、焊接位置及生产率的要求来选择。当采用立焊、横焊、仰焊焊接薄板或中厚板时，多选用直径 1. 6mm 以下的焊丝；在平焊位置焊接中厚板时可选用直径 1.2mm 以上的焊丝。焊丝直径的选择如表 4-1 所示。

表 4-1 焊丝直径的选择

焊丝直径（mm）	工件厚度（mm）	施焊位置	熔滴过渡形式
0.8	1~3	各种位置	短路过渡
1.0	1.5~6	各种位置	短路过渡
1.2	2~12	各种位置	短路过渡
	中厚	平焊、平角焊	细颗粒过渡
1.6	6~25	各种位置	短路过渡
	中厚	平焊、平角焊	细颗粒过渡
2.0	中厚	平焊、平角焊	细颗粒过渡

（三）焊接电流

焊接电流影响焊缝熔深及熔敷速度的大小。如果焊接电流过大，不仅容易产生烧穿、裂纹等缺欠，而且工件变形量大，飞溅也大；若焊接电流过小，则容易产生未焊透、未熔合、夹渣等缺欠及焊缝成形不良。通常，在保证焊透、焊缝成形良好的前提下，尽可能选用较大电流，以提高生产率。

每种直径的焊丝都有一个合适的焊接电流范围，只有在这个范围内焊接过程才能稳定进行。当焊丝直径一定时，随焊接电流增加，熔深和熔敷速度均相应增大。

焊接电流主要根据工件厚度、焊丝直径、焊接位置及熔滴过渡形式来决定。焊丝直径与焊接电流的关系见表 4-2。

（四）焊接电压

焊接电压应与焊接电流配合选择，电压过高或过低都会影

响电弧的稳定性，使飞溅增大。随焊接电流增加，电弧电压也相应增大。

表 4-2　焊丝直径与焊接电流的关系

焊丝直径（mm）	电流范围（A）	材料厚度（mm）
0. 6	40~100	0. 6~1. 6
0. 8	50~150	0. 8~2. 3
0. 9	70~200	1. 0~3. 2
1. 0	90~250	1. 2~6
1. 2	120~350	2. 0~10
>1. 2	≥300	>6. 0

（1）通常短路过渡时，电流不超过 200A，电弧电压可用式 $U=0.04I+(16\pm2)$ 计算，式中 U 为电弧电压，单位为 V；I 为焊接电流，单位为 A。

（2）细颗粒过渡时，电流一般大于 200A，电弧电压可用式 $U=0.04I+(20\pm2)$ 计算，式中 U 为电弧电压，单位为 V；I 为焊接电流，单位为 A。

（3）焊接位置的不同，焊接电流和电压也要进行相应修正，如表 4-3 所示。

表 4-3　CO_2 气体保护焊不同焊接位置电流与电压的关系

焊接电流（A）	电弧电压（V）	
	平焊	立焊和仰焊
70~120	18~21. 5	18~19

（续表）

焊接电流（A）	电弧电压（V）	
	平焊	立焊和仰焊
120~170	19~23.5	18~21
170~210	19~24	18~22
210~260	21~25	—

（4）焊接电缆加长时，还要对电弧电压进行修正，表 4-4 是电缆长度与电流、电压增加值的关系。

（五）电源极性

CO_2气体保护焊时一般都采用直流反接，直流反接具有电弧稳定性好，飞溅小及熔深大等特点。此时焊接过程稳定，飞溅较小。

直流正接时，在相同的焊接电流下，焊丝熔化速度大大提高，约为反接时的 1.6 倍，焊接过程不稳定，焊丝熔化速度快、熔深浅、堆高大，飞溅增多，主要用于堆焊及铸铁补焊。

表 4-4　电缆长度与电流、电压增加值的关系

电流 电缆长	100 A	200A	300A	400A	500A
10m	1V	1.5V	1V	1.5V	2V
15m	1V	2.5V	2V	2.5V	3V
20m	1.5V	3V	2.5V	3V	4V
25m	2V	3.5V	4V	4V	5V

（六）CO_2气体流量

在正常焊接情况下，保护气体流量与焊接电流有关，一般在200A以下焊接时为10～15L/min，在200A以上焊接时为15～25L/min。保护气体流量过大和过小都会影响保护效果。影响保护效果的另一个因素是焊接区附近的风速，在风的作用下，保护气流被吹散，使电弧、熔池及焊丝端头暴露于空气中，破坏保护。一般当风速在2m/s以上时，应停止焊接。

（七）焊丝伸出长度

焊丝伸出长度是指导电嘴到工件之间的距离，焊接过程中，保证合适的焊丝伸出长度是保证焊接过程稳定的重要因素之一。由于CO_2气体保护焊的电流密度较高，当送丝速度不变时，如果焊丝伸出长度增加，焊丝的预热作用较强，焊丝容易发生过热而成段熔断，使得焊丝熔化的速度加快，电弧电压升高，焊接电流减小，造成熔池温度降低，热量不足，容易引起未焊透等缺欠。同时电弧的保护效果变坏，焊缝成形不好，熔深较浅，飞溅严重。当焊丝伸出长度减小时，焊丝的预热作用减小，熔深较大，飞溅少，但是如果焊丝伸出长度过小，影响观察电弧，且飞溅金属容易堵塞喷嘴，导电嘴容易过热烧坏，阻挡焊工视线，不利于操作。

焊丝的伸出长度对焊缝成形的影响如图4-8所示。

对于不同直径、不同材料的焊丝，允许的焊丝伸出长度不同。焊丝伸出长度的允许值如表4-5所示。

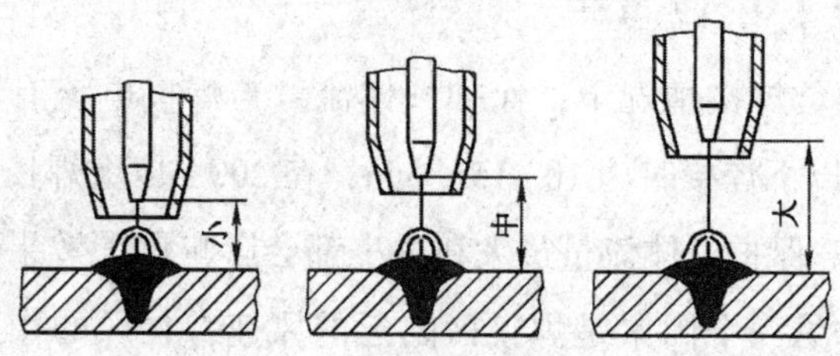

图 4-8 焊丝的伸出长度对焊缝成形的影响

表 4-5 焊丝伸出长度的允许值

焊丝直径（mm）	焊丝伸出长度（mm）
0. 8	5~12
1. 0	6~13
1. 2	7~15
1. 6	8~16
≥2. 0	9~18

五、CO_2气体保护焊平焊操作要点

最佳焊枪角度如图 4-9 所示。

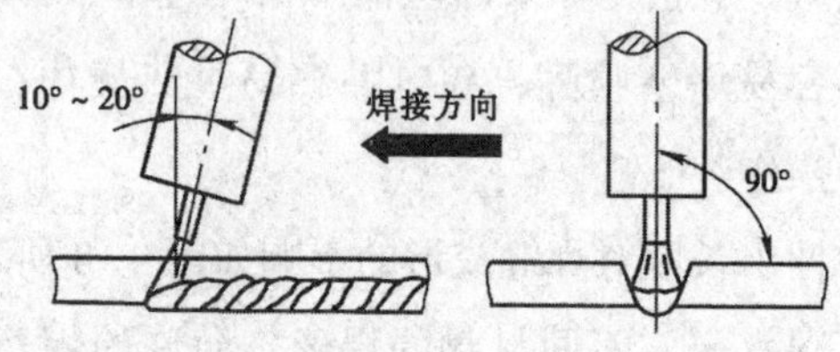

图 4-9 最佳焊枪角度

在离工件右端定位焊焊缝约 20mm 坡口的一侧引弧，然后

开始向左焊接，焊枪沿坡口两侧作小幅度横向摆动，并控制电弧在离底边 2~3mm 处燃烧，当坡口底部熔孔直径达 3~4mm 时，转入正常焊接，如图 4-10 所示。

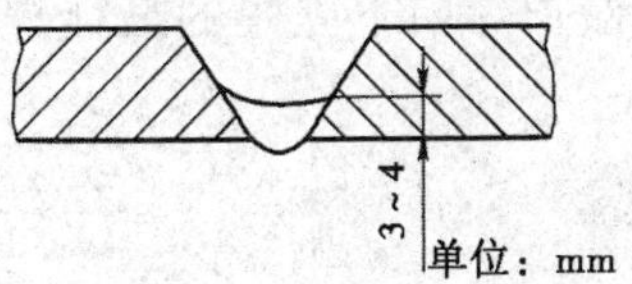

图 4-10　打底焊缝

焊接时，电弧始终在坡口内作小幅度横向摆动，并在坡口两侧稍作停顿，使熔孔深入坡口两侧各 0.5~1mm。焊接时应根据间隙和熔孔直径的变化调整横向摆动幅度和焊接速度，尽可能维持熔孔直径不变，获得宽窄和高低均匀的反面焊缝，以有效避免出现气孔。

熔池停留时间也不宜过长，否则易出现烧穿。正常熔池呈椭圆形，如出现椭圆形熔池被拉长，即为烧穿前兆。此时应根据具体情况，改变焊枪操作方式来防止烧穿。

注意焊接电流和电弧电压的配合，电弧电压过高，易引起烧穿，甚至熄弧；电弧电压过低，则在熔滴很小时就引起短路，并产生严重飞溅。

严格控制喷嘴的高度，电弧必须在离坡口底部 2~3mm 处燃烧。

六、CO_2气体保护焊立焊操作要点

CO_2气体保护焊立焊有向上焊接和向下焊接两种，一般情况

下，板厚不大于 6mm 时，采用向下立焊的方法，如果板厚大于 6mm，则采用向上立焊的方法。

（一）向下立焊

（1）CO_2气体保护焊向下立焊的最佳焊枪角度如图 4-11 所示。

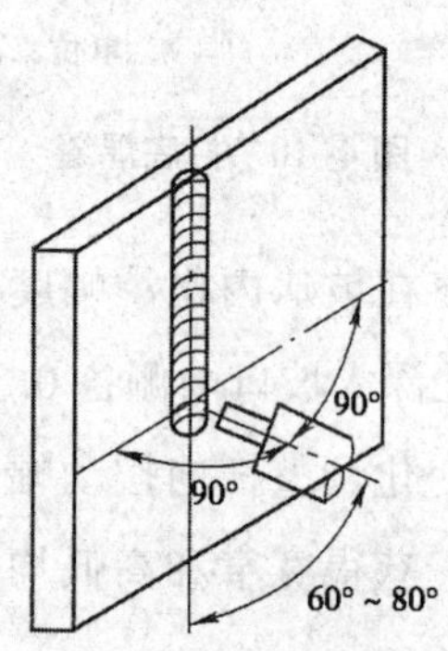

图 4-11　向下立焊的最佳焊枪角度

（2）在工件的顶端引弧，注意观察熔池，待工件底部完全熔合后，开始向下焊接。焊接过程采用直线运条，焊枪不作横向摆动。

由于铁液自重影响，为避免熔池中铁液流淌，在焊接过程中应始终对准熔池的前方，对熔池起到上托的作用，如图 4-12a 所示。如果掌握不好，则会出现铁液流到电弧的前方，如图 4-12b 所示。此时应加速焊枪的移动，并应减小焊枪的角度，靠电弧吹力把铁液推上去，避免产生焊瘤及未焊透缺欠。

（3）当采用短路过渡方式焊接时，焊接电流较小，电弧电

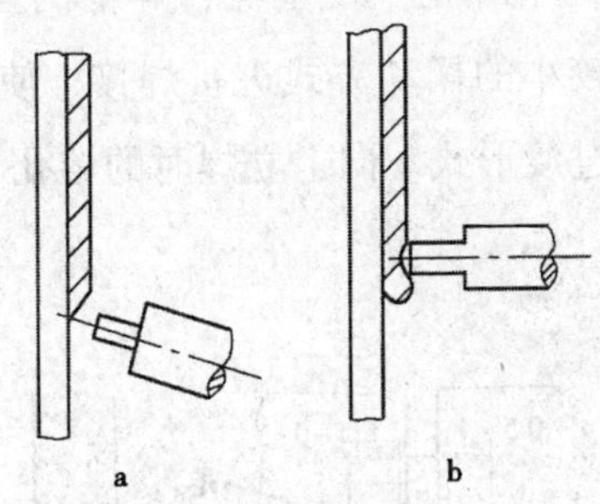

图 4-12　焊枪与熔池的关系

a-对准熔池前方；b-电弧吹力上推铁液

压较低，焊接速度较快。

（二）向上立焊

当工件的厚度大于 6mm 时，应采用向上立焊。

（1）向上立焊的最佳焊枪角度如图 4-13 所示。

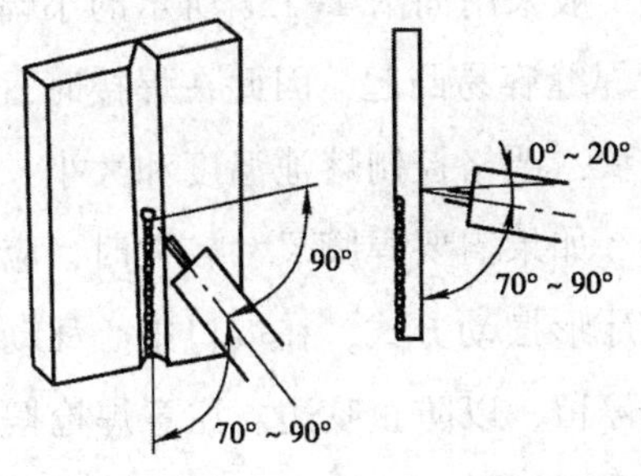

图 4-13　向上立焊的最佳焊枪角度

（2）向上立焊时的熔深较大，容易焊透。虽然熔池的下部有焊缝依托，但熔池底部是个斜面，熔融金属在重力作用下比较容易下淌，因此，很难保证焊缝表面平整。为防止熔融金属

下淌，必须采用比平焊稍小的电流，焊枪的摆动频率应稍快，采用锯齿形节距较小的摆动方式进行焊接，使熔池小而薄，熔滴过渡采用短路过渡形式。向上立焊时的熔孔与熔池如图 4-14 所示。

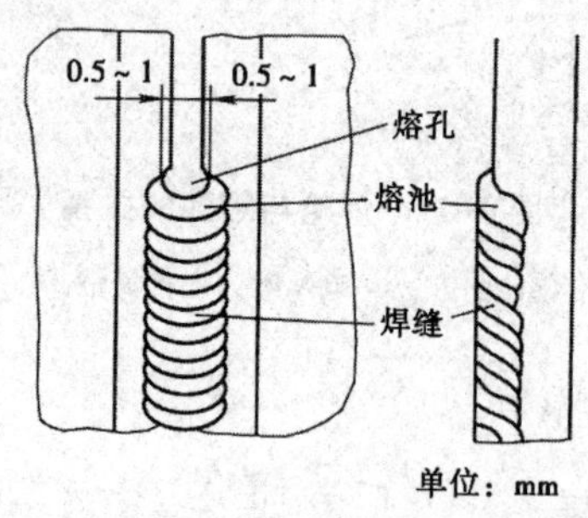

图 4-14　向上立焊时的熔孔与熔池

（3）向上立焊时的摆动方式如图 4-15 所示。当要求较小的焊缝宽度时，一般采用如图 4-15a 所示的小幅度摆动，此时热量比较集中，焊缝容易凸起，因此在焊接时，摆动频率和焊接速度要适当加快，严格控制熔池温度和大小，保证熔池与坡口两侧充分熔合。如果需要焊脚尺寸较大时，应采用如图 4-15b 所示的上凸月牙形摆动方式，在坡口中心移动速度要快，而在坡口两侧稍加停留，以防止咬边。注意焊枪摆动要采用上凸的月牙形，不要采用如图 4-15c 所示的下凹月牙形。因为下凹月牙形的摆动方式容易引起金属液下淌和咬边，焊缝表面下坠，成形不好。

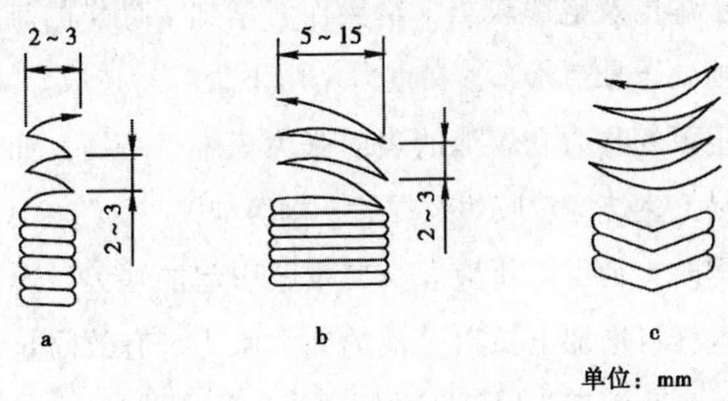

图 4-15　向上立焊时的摆动方式

a-小幅度锯齿形摆动；b-上凸月牙形摆动；c-不正确的下凹月牙形摆动

七、CO_2气体保护焊横焊操作要点

对于较薄的工件（厚度不大于 3.2mm），焊接时一般进行单层单道横焊。较厚的工件（厚度大于 3.2mm），焊接时采用多层焊。横向对接焊的焊接参数如表 4-6 所示。

表 4-6　横向对接焊的焊接参数

工件厚度（mm）	装配间隙（mm）	焊丝直径（mm）	焊接电流（A）	电弧电压（V）
≤3.2	0	1.0~1.2	100~150	18~21
3.2~6.0	1~2	1.0~1.2	100~160	18~22
≥6.0	1~2	1.2	110~210	18~24

八、CO_2气体保护焊仰焊操作要点

仰焊时，操作者处于一种不自然的位置，很难稳定操作；

同时由于焊枪及电缆较重，给操作者增加了操作的难度；仰焊时的熔池处于悬空状态，在重力作用下很容易造成金属液下落，主要靠电弧的吹力和熔池的表面张力来维持平衡，如果操作不当，容易产生烧穿、咬边及焊缝下垂等缺欠。

仰焊时，为了防止液态金属下坠引起的缺欠，通常采用右焊法，这样可增加电弧对熔池的向上吹力，有效防止焊缝背凹的产生，减小液态金属下坠的倾向。

CO_2气体保护焊仰焊时的最佳焊枪角度如图 4-16 所示。

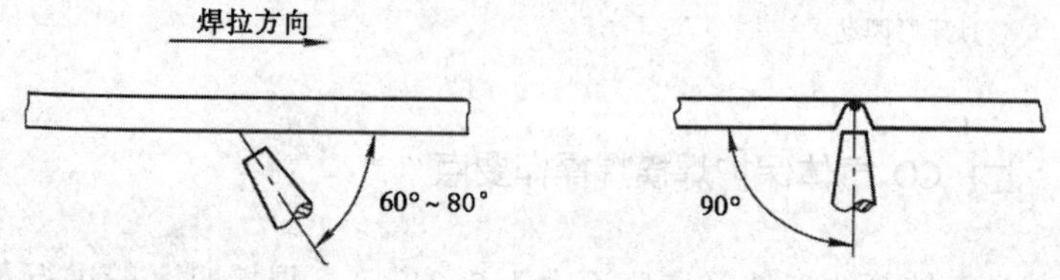

图 4-16　仰焊时的最佳焊枪角度

为了防止导电嘴和喷嘴间有粘接、阻塞等现象，一般在喷嘴上涂硅油作为防堵剂。

首先在试板左端定位焊缝处引弧，电弧引燃后焊枪作小幅度锯齿形横向摆动向右进行焊接。当把定位焊缝覆盖，电弧到达定位焊缝与坡口根部连接处时，将坡口根部击穿，形成熔孔并产生第一个熔池，即转入正常施焊。

注意一定使电弧始终不脱离熔池，并利用其向上的吹力阻止熔化金属下淌。

焊丝摆动幅度要小，并要均匀，防止外穿丝。如发生穿丝时，可以将焊丝回拉少许，把穿出的焊丝重新熔化掉再继续施焊。

当焊丝用完或者由于送丝机构、焊枪发生故障，需要中断焊接时，焊枪不要马上离开熔池，应稍作停顿。如有可能，应将焊枪移向坡口侧再停弧，以防止产生缩孔和气孔。

九、中厚板对接，立焊，单面焊双面成形操作

（一）焊前准备

（1）试件及坡口形式。

①试件材料。Q235 或 20Cr。

②试件尺寸。300mm×100mm×12mm。

③坡口形式。V 形坡口，$\alpha=60°$。

④试件加工准备。试件加工准备图样如图 4-17 所示。

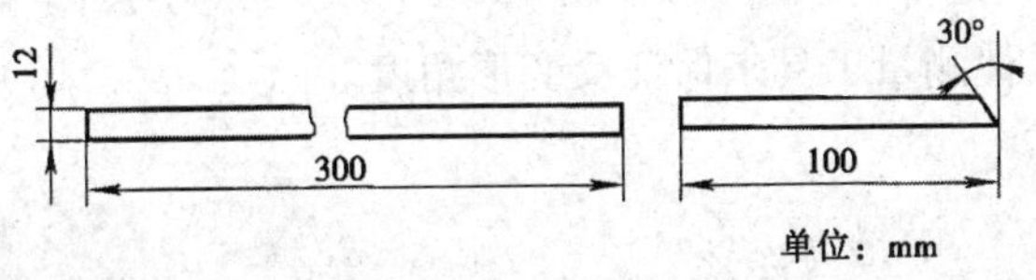

图 4-17　试件加工准备图样

（2）焊丝。H08Mn2SiA，ϕ1.2mm。

（3）焊接设备。NBC-350 型 CO_2 气体保护焊焊机。

（4）试件装配前，将坡口和靠近坡口上下两侧 15～20mm 内的钢板上的油、锈、水分及其他污物用直磨机打磨、清理干净，直至露出金属光泽。为防止飞溅不易清理和堵塞喷嘴，可在焊件表面涂一层飞溅防粘剂，在喷嘴上涂一层喷

嘴防堵剂。

（5）定位焊。采用与正式焊接时相同的焊接材料及焊接参数。定位焊位置在焊件背面的两端处，如图 4-18 所示。定位焊必须与正式焊接一样操作并焊牢，防止焊接过程中焊件收缩而造成坡口变窄影响焊接。

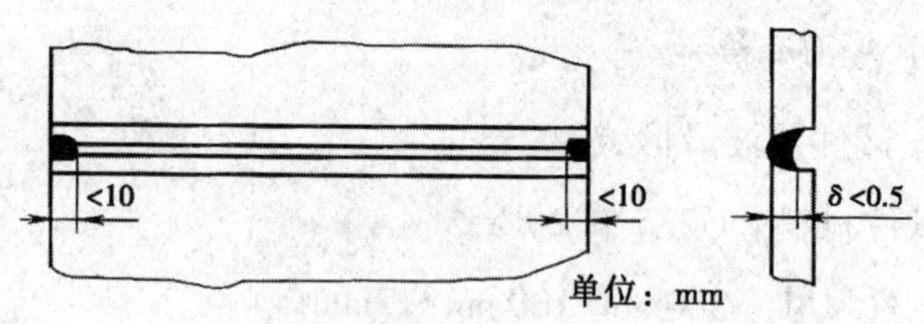

图 4-18　定位焊的位置

（6）预留反变形量。为了保证焊后试件没有角变形，要求试件在正式焊接前预留反变形量，如图 4-19 所示。通过焊缝检验尺或其他测量工具来保证反变形角度。

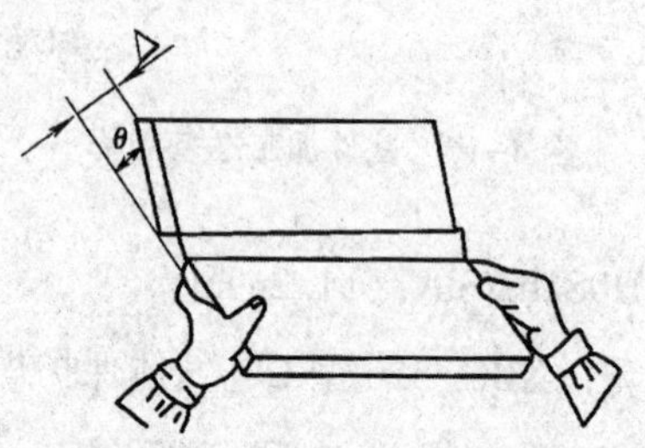

图 4-19　预留反变形量

（二）立焊操作及注意事项

（1）试件装配尺寸见表 4-7。

表 4-7　试件装配尺寸

坡口角度（°）	钝边（mm）	装配间隙（mm）	错边量（mm）	反变形量（°）
60	0	始焊端：3 终焊端：3.5	≤1	2~3

（2）焊接参数见表 4-8。

表 4-8　焊接参数

焊道位置	焊丝直径（mm）	伸出长度（mm）	焊接电流（A）	焊接电压（V）
打底焊	1.2	15~20	90~100	18~19
填充焊	1.2	15~20	130~140	20~21
盖面焊	1.2	15~20	130~140	20~21

（3）试件位置。检查试件装配及反变形量符合要求后，将试件固定到垂直位置，将间隙小的一端放在下侧。

（4）焊接操作要点。

①焊炬角度和指向位置。采用向上立焊法，三层三道焊。

②打底焊。

控制引弧位置。首先调整好焊接参数，然后在试件下端定位焊缝上侧 15~20mm 处引燃电弧。将电弧快速移至定位焊缝上，停留 1~2s 后开始作锯齿形摆动，当电弧越过定位焊缝的上

端并形成熔孔后，转入连续向上的正常焊接。

控制焊炬角度和摆动方式。为了防止熔池金属受重力的作用下淌，除了采用较小的焊接电流外，正确的焊炬角度和摆动方式也很关键。如图 4-20 所示，焊接过程中应始终保持焊炬角度在与试件表面垂直线上下 10°的范围内。焊工要克服习惯性地将焊炬指向上方的操作方法，这种不正确的操作方法会减小熔深，影响焊透。摆动时，要注意摆幅与摆动波纹间距的匹配。小摆幅和上凸月牙形大摆幅可以保证焊道成形好，而下凹月牙形摆动则会造成焊道下坠，如图 4-21 所示。采用小摆幅时由于热量集中，要防止焊道过分凸起；为防止熔滴下淌，摆动时在焊道中间要稍快；为了防止咬边，在坡口两侧稍作停留。

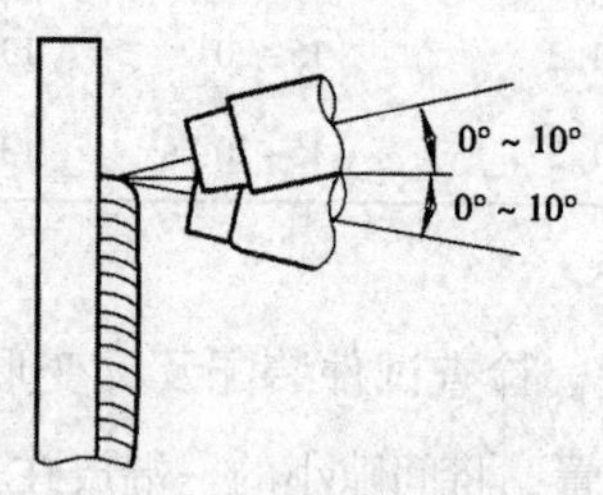

图 4-20　立焊时的焊炬角度

控制熔孔的大小。熔孔的大小决定背部焊缝的宽度和余高，要求焊接过程中控制熔孔直径一直保持比间隙大 1~2mm。焊接过程中仔细观察熔孔大小，并根据间隙和熔孔直径的变化、焊件温度的变化，及时调整焊炬角度、摆动幅度和焊接速度，尽

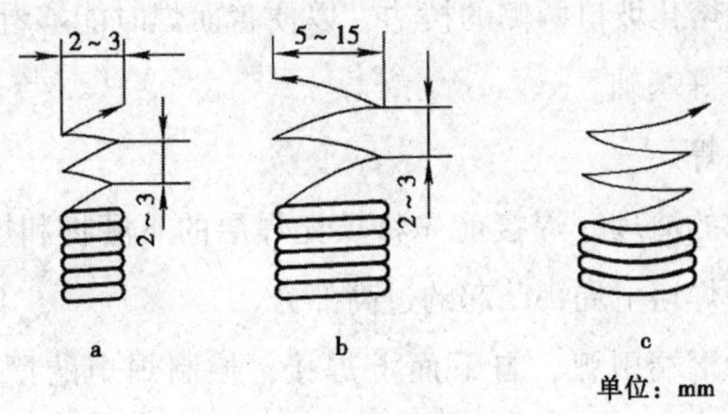

图 4-21　焊炬摆动方式

a-小摆幅；b-上凸月牙形大摆幅；c-下凹月牙形大摆动

可能维持熔孔直径不变。

保证两侧坡口的熔合。焊接过程中，注意观察坡口面的熔合情况，依靠焊炬的摆动，使电弧在坡口两侧停留，保证坡口面熔化并与熔池边缘熔合在一起。

焊接过程中要特别注意熔池和熔孔的变化，熔池不能太大。焊到试件最上方收弧时，待电弧熄灭、熔池完全凝固以后，才能移开焊炬，以防收弧区因保护不良产生气孔。

③填充焊。

焊前清理。焊前先将打底焊层的飞溅物和熔渣清理干净，凸起不平的地方用錾子铲平。

控制两侧坡口的熔合。填充焊时，焊炬的横向摆动幅度比打底焊时稍大些。同时，焊炬从坡口的一侧摆至另一侧时速度要稍快，防止焊道形成凸形。电弧在两侧坡口稍作停留，停留时间为 0.5~1s，保证一定的熔深，焊道呈中间凹、两边略高的形状。

控制焊道的厚度。填充焊时，焊道的高度低于母材 1.5~2mm。不能熔化坡口两侧的棱边，以便盖面焊时能够看清坡口，为盖面焊打好基础。

④盖面焊。

焊接前的清理。焊接前先将填充焊层的飞溅物和熔渣清理干净，铲平焊道上局部凸起的过高部分。

在试件下端引弧，自下而上焊接，控制焊炬的摆动幅度，焊炬的摆动幅度比填充焊时更大一些，当熔池两侧超过坡口边缘 0.5~1.5mm，匀速作锯齿形上升摆动。

焊到顶端收弧，待电弧熄灭、熔池凝固后才能移开焊炬，以免局部产生气孔。

第二节　熔化极惰性气体保护焊和熔化极活性混合气体保护焊

一、熔化极惰性气体保护焊

（一）熔化极惰性气体保护焊的特点

熔化极惰性气体保护焊是以连续送进的焊丝作为熔化电极，采用惰性气体作为保护气体的电弧焊方法，简称 MIG 焊。与其他焊接方法相比，具有以下优缺点。

1. 优点

（1）采用 Ar、He 或 Ar+He 作为保护气体，几乎可以焊接所有金属，如铝、镁、铜、钛、镍及其合金、碳钢和不锈钢等。

（2）由于用焊丝作电极，可采用高密度电流，因而母材熔深大，填充金属熔敷速度快，用于焊接铝、铜等金属厚板时生产率比非熔化极氩弧焊（TIG 焊）高得多，焊件变形比 TIG 焊小，焊接时几乎没有飞溅。

（3）MIG 焊可采用直流反接，焊接铝及铝合金时不需溶剂就能除去熔池上难熔的氧化膜，有良好的阴极清理氧化膜作用，提高了焊缝质量。

（4）MIG 焊焊接铝及铝合金时，亚射流电弧的固有自调节作用较为显著。

（5）可焊接薄、中、厚各种钢材，可焊接空间任何位置或全位置焊缝。

2. 缺点

（1）惰性气体价格较高，焊接成本较高。

（2）对母材及焊丝上的油、锈等很敏感，处理不当极易产生气孔。

（3）与 CO_2 气体保护焊比较，熔深较小，生产率较低，成本较高。

（4）抗风能力弱，不宜在室外焊接。

（二）熔化极惰性气体保护焊的保护气体和焊丝

1. 保护气体

（1）氩气。氩气（Ar）是一种稀有气体，在空气中含量为 0.935%（体积百分比），它的沸点为-186℃，介于氧与氮的沸点之间，是分离液态空气制取氧气时的副产品。氩气一般以瓶装形式供应，气瓶外涂灰色漆，并写有“氩气”字样。

氩气的密度约为空气的1.4倍，因而焊接时不易漂浮散失，在平焊和横向角焊缝位置施焊时，能有效地排除焊接区域的空气。氩气是一种惰性气体，焊接过程中不与液态和固态金属发生化学冶金反应，使焊接冶金反应变得简单和容易控制，为获得高质量焊缝提供了良好的条件，因此特别适用于活泼金属焊接。但是，氩气不像还原性气体或氧化性气体那样有脱氧或去氢的作用，所以对焊前的除油、去锈、去水等准备工作要求严格，否则会影响焊缝质量。

氩气的另一个特点是热导率很小，又是单原子气体，不消耗分解热，所以在氩气中燃烧的电弧热量损失较少。氩弧焊时，电弧一旦引燃，燃烧就很稳定，是各种保护气体中稳定性最好的一种，即使在低电压时也十分稳定，一般电弧电压仅为8~15V。

（2）氦气。同氩气一样，氦气（He）也是一种惰性气体。氦气很轻，其密度约为空气的1/7。它是从天然气中分离得到的，以液态或压缩气体的形式供应。

氦气保护焊时的电弧温度和能量密度高，母材的热输入量较大，熔池的流动性增强，焊接效率较高，适用于大厚度和高导热性金属材料的焊接。

氦气比空气轻，仰焊时因为氦气上浮能保持良好的保护效果，因此很适合仰焊位置；但在平焊位置焊接时，为了维持适当的保护效果，必须采用较大的气体流量，气体流量一般是纯氩气的2~3倍。由于纯氦气价格昂贵，单独采用氦气保护成本

较高，因此纯氦气保护应用很少。

（3）氩气和氦气的混合气体。氩气和氦气按一定比例混合使用时，可获得兼有两者优点的混合气体。其优点是：电弧燃烧稳定，温度高，焊丝熔化速度快，熔滴易呈现较稳定的轴向射流过渡，熔池金属的流动性得到改善，焊缝成形好，焊缝的致密性提高。这些优点对于焊接铝及其合金、铜及其合金等热敏感性的高导热材料尤为重要。

图 4-22 所示是分别采用 Ar、He、Ar+He 三种保护气体焊接大厚度铝合金时的焊缝剖面形状，可见纯氩气保护时的“窄小”熔深在混合气体保护下得到了很好改善。

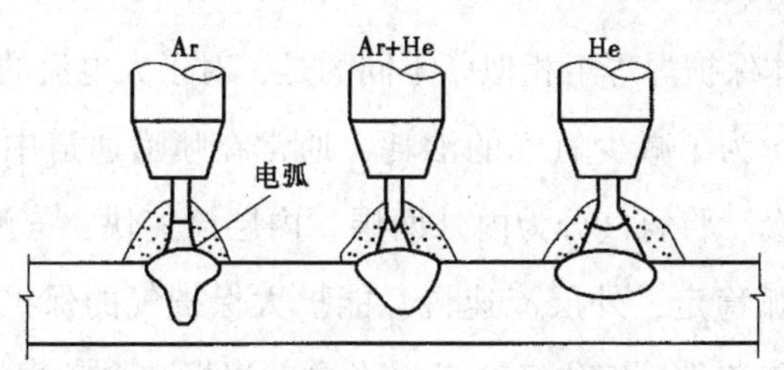

图 4-22 Ar、He、Ar+He 三种保护气体焊缝剖面形状（直流反接）

另外，氮与铜及铜合金不起化学作用，因而对于铜及铜合金来讲，氮气相当于惰性气体，因此可用于铜及其合金的焊接。氮气可单独使用，也常与氩气混合使用。与采用 Ar+He 混合气体比较，氮气来源广泛，价格便宜，焊接成本低；但焊接时有飞溅，焊缝外观成形不如 Ar+He 混合气体保护时好。

2. 焊丝

MIG 焊使用的焊丝成分通常情况下应与母材的成分相近，同时，焊丝应具有良好的焊接性，并能保证良好的接头性能。在某些情况下，为了焊接过程顺利并获得满意的焊缝金属性能，需要采用与母材成分完全不同的焊丝，例如，适用于焊接高强度铝合金和合金钢的焊丝，在成分上通常完全不同于母材，其原因在于某些合金元素在焊缝金属中将产生不利的冶金反应，导致焊缝缺陷或降低焊缝的力学性能。

（三）熔化极惰性气体保护焊焊炬

MIG 焊的焊炬有半自动焊炬和自动焊炬两种，其结构原理与 CO_2 气体保护焊焊炬相似。不同的是，对于大电流的熔化极氩弧焊焊炬，为了减少氩气的消耗，通常在喷嘴通道中安装一个气体分流套，将氩气分为内外两层。内层流速快，气流挺度好，可保证电弧稳定；外层流速慢，能扩大保护气的保护范围，且可减小氩气流量。熔化极氩弧焊半自动焊炬和自动焊炬如图 4-23、图 4-24 所示。

（四）熔化极惰性气体保护焊工艺

MIG 焊工艺主要包括焊前准备和焊接参数选择两部分。

（1）焊前准备。焊前准备主要有设备检查、焊件坡口准备、焊件和焊丝表面清理以及焊件装配等。与其他焊接方法相比，MIG 焊对焊件和焊丝表面的污染物非常敏感，故焊前表面清理工作是焊前准备的重点。

MIG 焊所使用的焊丝与其他焊接方法相比通常要细一些，

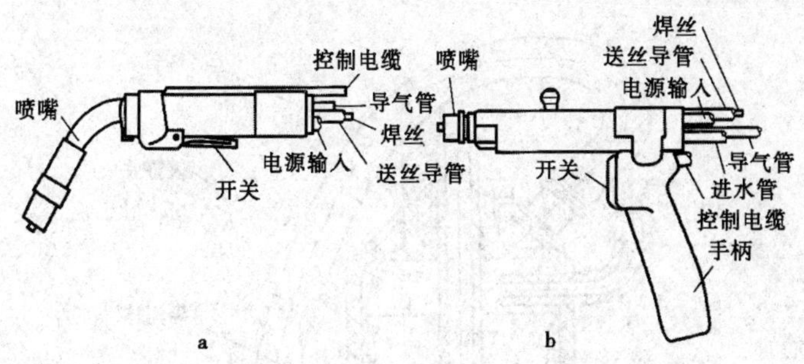

图 4-23　熔化极氩弧焊半自动焊炬

a-鹅颈式（气冷）；b-手枪式（水冷）

因此，焊丝金属表面积相对较大，容易带入杂质。一旦杂质进入熔池后，因 MIG 焊焊接速度较快，熔池冷却速度也较快，熔解在熔池中的杂质和气体较难上浮和逸出而易产生缺陷。另外，当焊丝和焊件坡口表面存在较厚氧化膜或污物时，会改变正常的焊接电流和电弧电压，影响焊缝成形和质量。因此焊前必须仔细清理焊丝和焊件。

机械清理。机械清理有打磨、刮削和喷砂等，用以清理焊件表面的氧化膜。对于不锈钢或高温合金焊件，常用砂纸打磨或抛光法将焊件接头两侧 30~50mm 宽度内的氧化膜清除掉。对于铝合金，由于材质较软，可用细钢丝轮、钢丝刷或刮刀将焊件接头两侧一定范围内的氧化物除掉。机械清理方法生产率较低，所以在批量生产时常用化学清理法。

（2）焊接参数选择。MIG 焊的焊接参数主要有焊接电流、电弧电压、焊接速度、焊丝伸出长度、焊丝角度和方法、焊丝直径、焊接位置、极性、保护气体的种类和流量等。

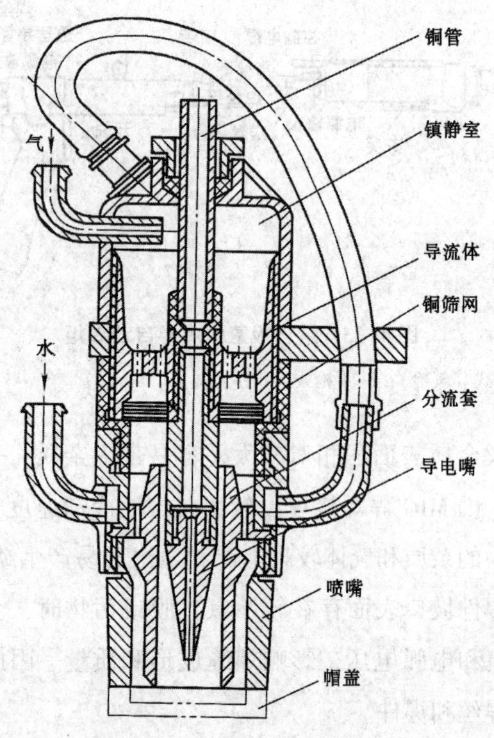

图 4-24 熔化极氩弧焊自动焊炬

①焊接电流和电弧电压。通常是先根据工件厚度选择焊丝直径，然后再确定焊接电流和熔滴过渡类型。若其他参数不变，焊接电流与送丝速度（或熔化速度）的关系如图 4-25 所示。即在任何给定的焊丝直径下，增大焊接电流，焊丝熔化速度增大，因此，需要相应地增大送丝速度。同样的送丝速度，较粗的焊丝需要较大的焊接电流。焊丝直径一定时，焊接电流（即送丝速度）的选择与熔滴过渡类型有关。电流较小时，熔滴为滴状

过渡（若电弧电压较低，则为短路过渡）。滴状过渡时飞溅较大，焊接过程不稳定，因此在生产上不采用。短路过渡时电弧功率较小，通常仅用于薄板焊接。当电流超过临界电流值时，熔滴为喷射过渡。喷射过渡是生产中应用最广泛的过渡形式。若要获得稳定的喷射过渡，焊接电流必须小于使焊缝起皱的临界电流（大电流铝合金焊接时）或产生旋转射流过渡的临界电流（大电流钢材焊接时），以保证稳定的焊接过程和焊接质量。焊接电流一定时，电弧电压应与焊接电流相匹配，以避免产生气孔、飞溅和咬边等缺陷。

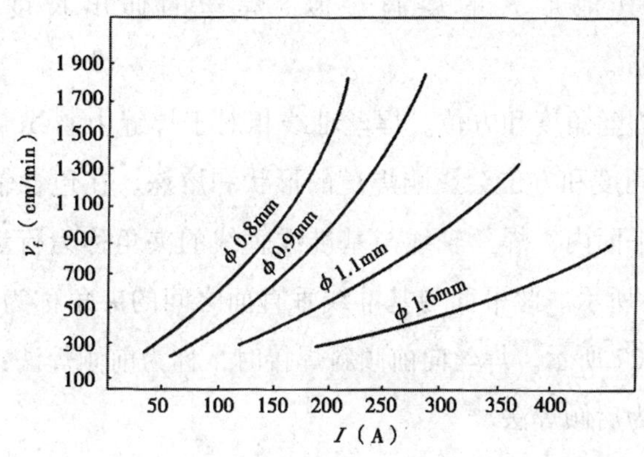

图 4-25　焊接电流 I 与送丝速度 v_f 的关系

②焊接速度。单道焊的焊接速度是焊炬沿接头中心线方向的相对移动速度。在其他条件不变时，熔深随焊接速度增大而增大，并有一个最大值。焊接速度减小时，单位长度上填充金属的熔敷量增加，熔池体积增大。由于这时电弧直接接触的只是液态熔池金属，固态母材金属的熔化是靠液态金属的导热作

用实现的，故熔深减小，熔宽增大；焊接速度过高，单位长度上电弧传给母材的热量显著降低，母材的熔化速度减慢。随着焊接速度的提高，熔深和熔宽均减小。焊接速度过高有可能产生咬边。

③焊丝伸出长度。焊丝的伸出长度越长，电阻热越大，则焊丝的熔化速度越快。焊丝伸出长度过长，会造成以低的电弧热熔敷过多的焊缝金属，使焊缝成形不良，熔深减小，电弧不稳定；焊丝伸出长度过短，电弧易烧焊丝，且金属飞溅物易堵塞喷嘴。对于短路过渡来说，合适的焊丝伸出长度为6~13mm，而对于其他形式的熔滴过渡，焊丝的伸出长度一般为13~25mm。

④焊丝角度和方位。焊丝轴线相对于焊缝中心线（称基准线）的角度和方位会影响焊道的形状和熔深。在包含轴线和基准线的平面内，焊丝轴线与基准线垂线的夹角称为行走角，如图4-26所示。此平面与基准线垂直面之间的夹角称为工作角，如图4-27所示。焊丝向前倾斜焊接时，称为前倾焊法；向后倾斜时称为后倾焊法。

焊丝方位对焊缝成形的影响如图4-28所示。当其他条件不变，焊丝由垂直位置变为后倾焊法时，熔深增大，焊道变窄且余高增大，电弧稳定，飞溅小。行走角为25°的后倾焊法常可获得最大的熔深。一般行走角在5°~15°范围内，以便良好地控制焊接熔池。在横焊位置焊接角焊缝时，工作角一般为45°。

⑤焊接位置。喷射过渡可适用于平焊、立焊、仰焊位置。平焊时，焊件相对水平面的斜度对焊缝成形和焊接速度有影响。

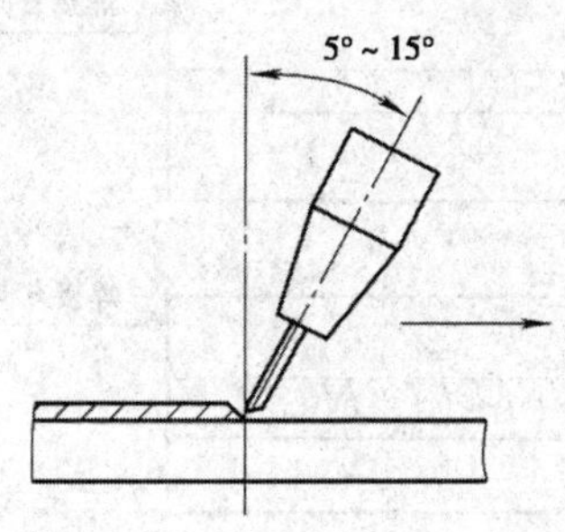

图 4-26　焊丝的行走角

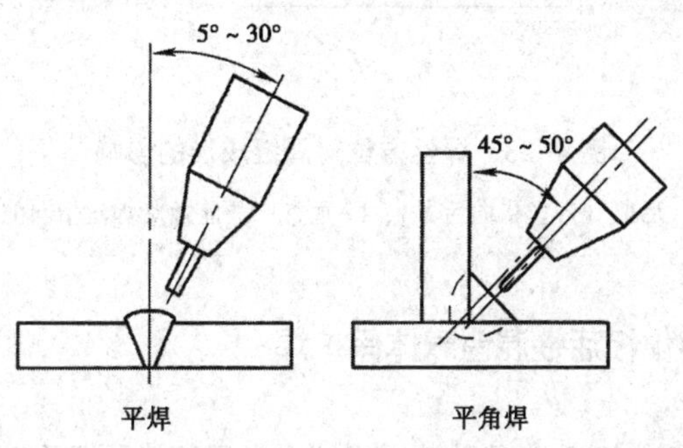

图 4-27　焊丝的工作角

若采用向下立焊（通常工件与水平面夹角≤15°），焊缝余高减小，熔深减小，焊接速度可以提高，有利于焊接薄板金属；若采用向上立焊，重力使熔池金属后流，熔深和余高增大，熔宽减小。

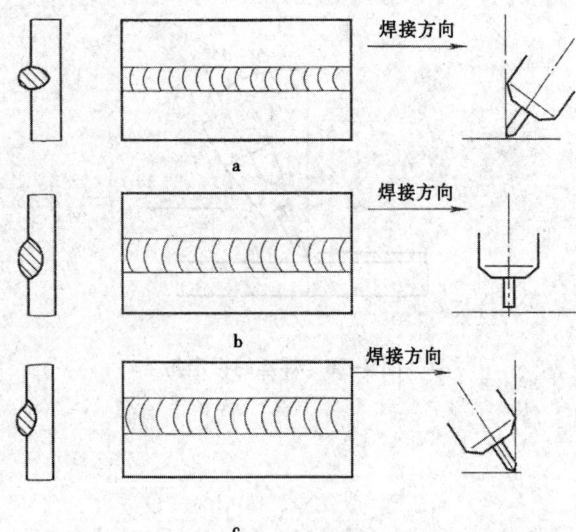

图 4-28　焊丝方位对焊缝成形的影响

a-后倾（焊丝指向后方）；b-垂直；c-前倾（焊丝指向前方）

二、熔化极活性混合气体保护焊

（一）熔化极活性混合气体保护焊常用气体及适用范围

（1）Ar+O_2。Ar 中加入 O_2 活性气体可用于碳钢、不锈钢等高合金钢和高强钢的焊接。其最大的优点是克服了纯 Ar 保护焊接不锈钢时存在的熔化金属黏度大、表面张力大而复产生气孔、焊缝金属润湿性差而易引起咬边、阴极斑点飘移导致电弧不稳定等问题。焊接不锈钢等高合金钢及强度级别较高的高强钢时，O_2的含量（体积）应控制在 1%～5%。用于焊接碳钢和低合金结构钢时，Ar 中加入的 O_2含量可达 20%。

（2）$Ar+CO_2$。这种气体用于焊接低碳钢和低合金钢，常用的混合比（体积比）为80%Ar+20%CO_2。焊接时既具有氩弧焊电弧稳定、飞溅小、容易获得轴向喷射过渡的优点，又具有氧化性。克服了氩弧焊焊接时表面张力大、熔化金属黏稠、阴极斑点易飘移等问题，同时对焊缝蘑菇形熔深有所改善。混合气体中随CO_2含量的增大，氧化性也增大，为了获得具有较高冲击韧度的焊缝金属，应配用含脱氧元素成分较高的焊丝。

（3）$Ar+CO_2+O_2$。用80%Ar+15%CO_2+5%O_2混合气体（体积比）焊接低碳钢、低合金钢时，在焊缝成形、接头质量以及金属熔滴过渡和电弧稳定性方面都比上述两种混合气体要好。图4-29所示为用三种不同气体焊接时的焊缝截面形状，可见采用$Ar+CO_2+O_2$混合气体时焊缝形状最理想。

（二）熔化极活性混合气体保护焊工艺

MAG焊工艺和焊接参数的选择原则与MIG焊相似，其不同之处是在氩气中加入了一定量的具有脱氧去氢能力的活性气体，因而焊前清理就没有MIG焊要求那么严格。

MAG焊主要适用于碳钢、合金钢和不锈钢等黑色金属的焊接，尤其在不锈钢焊接中得到了广泛应用。焊接不锈钢时，通常采用直流反接短路过渡或喷射过渡，保护气体为$Ar+O_2$(1%~5%)。根据具体情况，须决定是否采用预热和焊后处理、喷丸、锤击等其他工艺措施。

三、熔化极气体保护焊焊接缺陷、形成原因及防治措施

熔化极气体保护焊焊接缺陷、形成原因及防治措施见

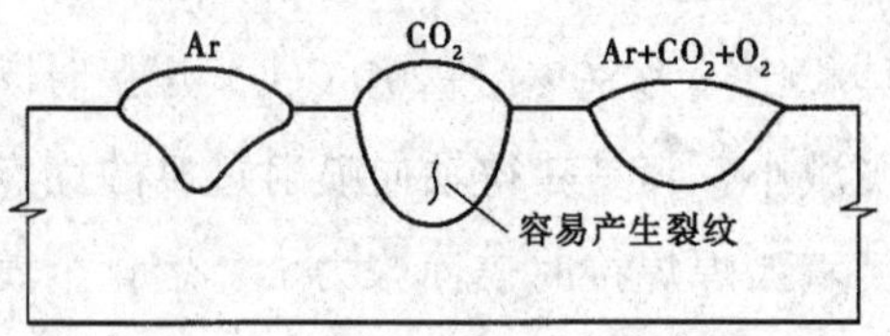

图 4-29　用三种不同气体焊接时的焊缝截面形状

表 4-9。

表 4-9　熔化极气体保护焊焊接缺陷、形成原因及防治措施

焊接缺陷	形成原因	防治措施
焊缝金属裂纹	(1) 焊缝熔深比较大	(1) 增大电弧电压或减小焊接电流，以加宽焊道，减小熔深
	(2) 焊道太窄（特别是角焊缝和底层焊道）	(2) 减慢行走速度，以加大焊道的横截面
	(3) 焊缝末端处的弧坑冷却过快	(3) 采用衰减控制，以减小冷却速度；适当地填充弧坑；在完成焊缝顶部焊接时采用分段退焊法，直至结束
	(4) 焊炬角度不对	(4) 改变焊炬角度使电弧力推动金属流动
未熔合	(1) 焊缝区表面有氧化膜或锈皮	(1) 在焊接之前清理全部坡口面和焊缝区表面上的轧制氧化皮或杂质
	(2) 热输入不足	(2) 提高送丝速度和电弧电压，减小焊接速度
	(3) 焊接熔池太大	(3) 减小电弧摆动，以减小焊接熔池
	(4) 焊接技术不合理	(4) 采用摆动技术时应在靠近坡口面的熔池边缘停留，焊丝应指向熔池的前沿
	(5) 接头设计不合理	(5) 坡口角度应足够大，以减少焊丝伸出长度（增大电流），使电弧直接加热熔池底部；坡口设计为 J 形或 U 形

(续表)

焊接缺陷	形成原因	防治措施
未焊透	(1) 坡口加工不合理	(1) 接头设计必须合理，适当加大坡口角度，使焊炬能够直接作用到熔池底部，同时要保持喷嘴到工件的距离合理；减小钝边高度；设置或增大对接接头的底层间隙
	(2) 焊接技术不合理	(2) 使焊丝保持适当的行走角度，以达到最大的熔深；使电弧处在熔池的前沿
	(3) 热输入不合适	(3) 提高送丝速度，获得较大的焊接电流，保持喷嘴与工件的距离合理
熔透过大	(1) 热输入过大	(1) 减小送丝速度和电弧电压，提高焊接速度
	(2) 坡口加工不合适	(2) 减小过大的底层间隙，增大钝边高度
蛇形焊道	(1) 焊丝伸长过量	(1) 保持适合的焊丝伸长量
	(2) 焊丝的矫直机构调整不良	(2) 仔细调整
	(3) 焊丝嘴磨损严重	(3) 更换新焊丝嘴
飞溅	(1) 电弧电压过高或过低	(1) 根据焊接电流仔细调节电压，采用一元化调节焊机
	(2) 焊丝与工件清理不良	(2) 焊前仔细清理焊丝及坡口处
	(3) 焊丝不均匀	(3) 检查压丝轮和送丝软管（修理或更换）
	(4) 焊丝嘴磨损严重	(4) 更换新焊丝嘴
	(5) 焊机动特性不合理	(5) 对于整流式焊机应调节直流电感，对于逆变式焊机须调节控制回路的电子电抗器

主要参考文献

李晓华 . 2018. 电焊工操作技能［M］. 哈尔滨：哈尔滨工程大学出版社 .

王继承 . 2018. 电焊工［M］. 北京：中国建筑工业出版社 .

张金艳，李晓霞 . 2018. 焊工技能培训：技师［M］. 北京：冶金工业出版社 .

张能武 . 2018. 焊工入门与提高全程图解［M］. 北京：化学工业出版社 .